高等职业教育土建类"教、学、做"理实一体化特色教材

安装工程计量与计价

主 编 高慧慧 钱 坤 艾思平

中国水利水电出版社
www.waterpub.com.cn
·北京·

内 容 提 要

本书是安徽省地方技能型高水平大学建设项目重点建设专业——工程造价专业的理实一体化教材之一。全书内容共分为 6 个学习项目,主要内容包括:安装工程计量与计价基本知识,建筑给排水工程计量与计价,建筑消防工程计量与计价,建筑供暖工程计量与计价,通风空调工程计量与计价,建筑电气工程计量与计价。

本书可作为高等职业技术院校工程造价、建筑装饰、建筑工程技术等专业的教学用书,也可供各单位预算管理人员学习参考,还可作为概预算人员培训用教材。

图书在版编目(CIP)数据

安装工程计量与计价 / 高慧慧,钱坤,艾思平主编
. -- 北京:中国水利水电出版社,2017.7(2021.6重印)
高等职业教育土建类"教、学、做"理实一体化特色教材

ISBN 978-7-5170-5667-6

Ⅰ. ①安… Ⅱ. ①高… ②钱… ③艾… Ⅲ. ①建筑安装工程-工程造价-高等职业教育-教材 Ⅳ.
①TU723.3

中国版本图书馆CIP数据核字(2017)第168717号

书 名	高等职业教育土建类"教、学、做"理实一体化特色教材 **安装工程计量与计价** ANZHUANG GONGCHENG JILIANG YU JIJIA
作 者	主 编 高慧慧 钱 坤 艾思平
出版发行	中国水利水电出版社 (北京市海淀区玉渊潭南路1号D座 100038) 网址:www.waterpub.com.cn E-mail:sales@waterpub.com.cn 电话:(010)68367658(营销中心)
经 售	北京科水图书销售中心(零售) 电话:(010)88383994、63202643、68545874 全国各地新华书店和相关出版物销售网点
排 版	中国水利水电出版社微机排版中心
印 刷	清淞永业(天津)印刷有限公司
规 格	184mm×260mm 16开本 16.75印张 418千字
版 次	2017年7月第1版 2021年6月第2次印刷
印 数	2001—4000册
定 价	**52.00元**

本书是安徽省地方技能型高水平大学建设项目重点建设专业——工程造价专业建设与课程改革的重要成果，是"教、学、做理实一体化"特色教材。在教材编写过程中，围绕职业岗位对学生职业能力的需要，注重培养学生的实践能力，培养"技能型"人才；积极体现"理实一体化"的课程体系特色，将"校企合作、工学结合"落到实处，邀请安装工程造价一线的技术人员参与本教材的编写。本着理论"必需、够用"为度、技术应用能力突出、服务能力强的要求来设计教材结构与教材基本内容，并力求注重内容实用、项目新颖、案例典型，特别要与现行的计量与计价规范、施工规范、施工工艺和施工技术紧密结合。

全书内容共分为6个学习项目。项目1，安装工程计量与计价基本知识，主要介绍安装工程预算定额的概念、作用和具体应用；施工图预算编制方法、清单编制方法和计价程序。项目2，建筑给排水工程计量与计价，介绍建筑给排水基本知识；建筑给排水工程定额、清单内容及应用；建筑给排水工程工程量计算规则、工程量清单的编制和计价方法。项目3，建筑消防工程计量与计价，介绍建筑消防基本知识；建筑消防工程定额、清单内容及应用；建筑消防工程工程量计算规则、工程量清单的编制和计价方法。项目4，建筑供暖工程计量与计价，介绍建筑供暖基本知识；建筑供暖工程定额、清单内容及应用；建筑供暖工程工程量计算规则、工程量清单的编制和计价方法。项目5，通风空调工程计量与计价，介绍建筑通风空调基本知识；建筑通风空调工程定额、清单内容及应用；建筑通风空调工程工程量计算规则、工程量清单的编制和计价方法。项目6，建筑电气工程计量与计价，介绍建筑电气设备安装基本知识；建筑电气设备安装工程定额、清单内容及应用；建筑电气设备安装工程工程量计算规则、工程量清单的编制和计价方法。

本书编写分工：项目1由安徽水利水电职业技术学院樊宗义编写，项目2由安徽水利水电职业技术学院高慧慧、安徽省建筑设计研究院有限责任公司钱坤合作编写，项目3、4由安徽水利水电职业技术学院王丽娟、赵慧敏，江苏建科建设监理有限公司赵为合作编写，项目5由安徽水利水电职业技术学院艾思平、安徽省建筑工程质量监督检测站束兵编写，项目6由安徽水利水电职业技术学院高慧慧、北京中煤正辰建设有限公司李丽合作编写。

本书由高慧慧、钱坤、艾思平担任主编，高慧慧负责全书统稿，由樊宗义、王丽娟、李丽、束兵担任副主编，特邀安徽水利水电职业技术学院教务处处长陈送财教授担任本书主审。陈送财教授对本书进行了认真细致的审核，并提出了许多宝贵的修改意见，在此深表感谢。

由于编者水平有限，本书难免错误和缺点，恳请读者批评指正。

编者

2017 年 3 月

项目1　安装工程计量与计价基本知识

学习目标：

掌握安装工程预算定额的概念和作用；掌握定额消耗量指标；掌握定额的基价和定额中的系数；掌握计价材料和未计价材料的区别；掌握安装工程计价方法和程序；掌握安装工程施工图预算编制方法和清单编制方法。

1.1　建 设 项 目 基 本 知 识

1.1.1　工程项目建设程序

工程项目建设程序是指工程项目从策划、评估、决策、设计、施工到竣工验收、投入生产或交付使用的整个建设过程中，各项工作必须遵循的先后工作次序。工程项目建设程序是工程建设过程客观规律的反映，是建设工程项目科学决策和顺利进行的重要保证。工程项目建设程序是人们长期在工程项目建设实践中得出来的经验总结，不能任意颠倒，但可以合理交叉。

1.1.2　工程项目建设阶段

1.1.2.1　策划决策阶段

决策阶段，又称为建设前期工作阶段，主要包括编报项目建议书和可行性研究报告两项工作内容。

1. 项目建议书

对于政府投资工程项目，编报项目建议书是项目建设最初阶段的工作。其主要作用是为了推荐建设项目，以便在一个确定的地区或部门内，以自然资源和市场预测为基础，选择建设项目。项目建议书经批准后，可进行可行性研究工作，但并不表明项目非上不可，项目建议书不是项目的最终决策。

2. 可行性研究

可行性研究是在项目建议书被批准后，对项目在技术上和经济上是否可行所进行的科学分析和论证。根据《国务院关于投资体制改革的决定》，对于政府投资项目须审批项目建议书和可行性研究报告。《国务院关于投资体制改革的决定》指出，对于企业不使用政府资金投资建设的项目，一律不再实行审批制，区别不同情况实行核准制和登记备案制。

1.1.2.2　勘察设计阶段

1. 勘察阶段

复杂工程分为初勘和详勘两个阶段，为设计提供实际依据。

2. 设计阶段

一般划分为两个阶段，即初步设计阶段和施工图设计阶段，对于大型复杂项目，可根据不同行业的特点和需要，在初步设计之后增加技术设计阶段。

初步设计是设计的第一步，如果初步设计提出的总概算超过可行性研究报告投资估算的10%以上或其他主要指标需要变动时，要重新报批可行性研究报告。

初步设计经主管部门审批后，建设项目被列入国家固定资产投资计划，方可进行下一步的施工图设计。

施工图一经审查批准，不得擅自进行修改，如遇特殊情况需要进行涉及审查主要内容的修改时，必须重新报请原审批部门，由原审批部门委托审查机构审查后再批准实施。

1.1.2.3　建设准备阶段

主要内容包括：组建项目法人、征地、拆迁、"三通一平"乃至"七通一平"；组织材料、设备订货；办理建设工程质量监督手续；委托工程监理；准备必要的施工图纸；组织施工招投标，择优选定施工单位；办理施工许可证等。按规定做好施工准备，具备开工条件后，建设单位申请开工，进入施工安装阶段。

1.1.2.4　施工阶段

建设工程具备了开工条件并取得施工许可证后方可开工。项目新开工时间，按设计文件中规定的任何一项永久性工程第一次正式破土开槽时间而定。不需开槽的以正式打桩作为开工时间。铁路、公路、水库等以开始进行土石方工程作为正式开工时间。

1.1.2.5　生产准备阶段

对于生产性建设项目，在其竣工投产前，建设单位应适时地组织专门班子或机构，有计划地做好生产准备工作，包括招收、培训生产人员；组织有关人员参加设备安装、调试、工程验收；落实原材料供应；组建生产管理机构，健全生产规章制度等。生产准备是由建设阶段转入经营的一项重要工作。

1.1.2.6　竣工验收阶段

工程竣工验收是全面考核建设成果、检验设计和施工质量的重要步骤，也是建设项目转入生产和使用的标志。验收合格后，建设单位编制竣工决算，项目正式投入使用。

1.1.2.7　考核评价阶段

建设项目后评价是工程项目竣工投产、生产运营一段时间后，在对项目的立项决策、设计施工、竣工投产、生产运营等全过程进行系统评价的一种技术活动，是固定资产管理的一项重要内容，也是固定资产投资管理的最后一个环节。

1.1.3　建设项目的组成

建设项目包括单项工程、单位工程、分部工程、分项工程，如图 1.1 所示。

1.1.3.1　建设项目

指具有一个设计任务书和总体设计，经济上实行独立核算，管理上具有独立组织形式的工程建设项目。一个建设项目往往由一个或几个单项工程组成。例如，一所学校或一家医院为一个建设项目。

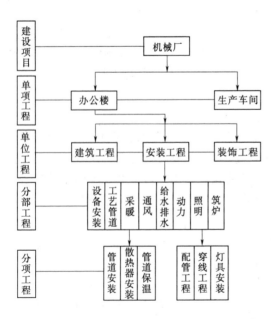

图 1.1　建设项目的组成

1.1.3.2 单项工程

单项工程是指在一个建设项目中具有独立的设计文件，建成后能够独立发挥生产能力或工程效益的工程。它是工程建设项目的组成部分，应单独编制工程概预算。例如，教学楼或图书馆为一个单项工程。

1.1.3.3 单位工程

单位工程是指具有独立设计，可以独立组织施工，但建成后一般不能进行生产或发挥效益的工程。它是单项工程的组成部分。例如，教学楼单项工程又可以分为建筑工程、安装工程等单位工程。

1.1.3.4 分部工程

分部工程是单位工程的组成部分，它是按工程部位、设备种类和型号、使用材料和工种的不同进一步划分出来的工程，主要用于计算工程量和套用定额时的分类。例如，安装工程单位工程又可以分为设备安装、工艺管道、采暖、给排水及照明等分部工程。

1.1.3.5 分项工程

通过较为简单的施工过程就可以生产出来，以适当的计量单位就可以进行工程量及其单价计算的建筑工程或安装工程称为分项工程。例如，采暖分部工程又可以分为管道安装、散热器安装等分项工程。

1.2 安装工程造价的构成

1.2.1 工程造价的概念及含义

1.2.1.1 工程造价的概念

工程造价的直意就是工程的建造价格，是工程项目按照确定的建设项目、建设规模、建设标准、功能要求、使用要求等全部建成后经验收合格并交付使用所需的全部费用。

1.2.1.2 工程造价的含义

（1）第一种含义。工程造价是指进行某项工程建设花费的全部费用，即该工程项目有计划地进行固定资产再生产、形成相应无形资产和铺底流动资金的一次性费用总和。显然，这一含义是从投资者——业主的角度来定义的。投资者选定一个项目后，就要通过项目评估进行决策，然后进行设计招标、工程招标，直到竣工验收等一系列投资管理活动。在投资活动中所支付的全部费用形成了固定资产和无形资产。所有这些开支就构成了工程造价。从这个意义上说，工程造价就是工程投资费用，建设项目工程造价就是建设项目固定资产投资。

（2）第二种含义。工程造价是指工程价格，即为建成一项工程，预计或实际在土地市场、设备市场、技术劳务市场等交易活动中所形成的建筑安装工程的价格和建设工程总价格。显然，工程造价的第二种含义是以社会主义商品经济和市场经济为前提。它以工程这种特定的商品形式作为交换对象，通过招投标、承发包或其他交易形式，在进行多次性预估的基础上，最终由市场形成的价格。通常是把工程造价的第二种含义认定为工程承发包价格。

所谓工程造价的两种含义是以不同角度把握同一事物的本质。对于建设工程的投资者来说，工程造价就是项目投资，是"购买"项目付出的价格；同时也是投资者在作为市场供给主体"出售"项目时定价的基础。对于承包商来说，工程造价是他们作为市场供给主体出售商品和劳务的价格的总和，或是特指范围的工程造价，如建筑安装工程造价。

1.2.2　建设项目总投资的构成

建设项目总投资是为完成工程项目建设并达到使用要求或生产条件，在建设期内预计或实际投入的全部费用总和，包括建设投资、建设期利息和流动资金三部分。非生产性建设项目总投资包括建设投资、建设期利息两部分，其中建设投资和建设期利息之和为固定资产投资。

建设投资是为完成工程项目建设，在建设期内投入且形成现金流出的全部费用，包括工程费用、工程建设其他费用和预备费三部分。工程费用是指建设期内直接用于工程建造、设备购置及其安装的建设投资，可以分为建筑安装工程费和设备及工器具购置费。工程建设其他费用是指工程建设期发生的与建设用地、工程项目建设以及未来生产经营有关的建设投资但不包括在工程费用中的费用。预备费是在工程建设期内为各种不可预见因素的变化而预留的可能增加的费用，包括基本预备费和价差预备费。建设项目总投资的具体构成内容见图1.2。

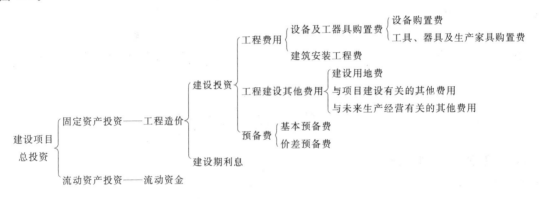

图1.2　建设项目总投资构成

1.2.3　设备及工器具购置费

设备及工具、器具购置费由设备购置费和工具、器具及生产家具购置费组成。

1.2.3.1　设备购置费

设备购置费包括设备原价和设备运杂费，即

$$设备购置费＝设备原价＋设备运杂费 \tag{1.1}$$

1. 设备原价

设备原价是指国产标准设备、国产非标准设备或进口设备的原价。

（1）国产标准设备原价。国产标准设备是指按主管部门颁布的标准图样、技术要求，由我国设备生产厂家批量生产、符合国家质量标准的设备。其原价一般是指设备生产厂家的交货价，即出厂价。

（2）国产非标准设备原价。国产非标准设备是指尚无定型标准，不能批量生产，由我国设备生产厂家按订货的具体设计图样制造的设备。其原价一般也是指设备生产厂家的交货价，即出厂价。

（3）进口设备原价。进口设备原价是指进口设备的抵岸价，即设备抵达买方边境、港口或车站，交纳完各种手续费、税费后形成的价格。通常是由进口设备到岸价（CIF）、进口从属费构成。进口设备采用最多的是装运港船上交货价（FOB），其设备原价即抵岸价可概

括为

$$进口设备抵岸价＝交货价(FOB)＋国际运费＋国际运输保险费＋银行财务费$$
$$＋外贸手续费＋关税＋消费税＋增值税＋车辆购置税 \qquad (1.2)$$

2. 设备运杂费

设备运杂费由运费和装卸费、包装费、设备供销部门的手续费、采购与仓库保管费组成。设备运杂费按设备原价乘以设备运杂费率计算，费率按各部门及省区市有关规定计取。计算公式为

$$设备运杂费＝设备原价×设备运杂费率 \qquad (1.3)$$

1.2.3.2　工具、器具及生产家具购置费

工具、器具及生产家具购置费是指新建或扩建项目按初步设计规定，主要为保证初期正常生产而必须购置的没有达到固定资产标准的设备、仪器、工卡模具、器具、生产家具和备品备件的费用。工具、器具及生产家具购置费按设备购置费乘以工具、器具及生产家具购置费率计算，费率按部门或行业的规定计取。计算公式为

$$工器具及生产家具购置费＝设备购置费×工器具及生产家具购置费率 \qquad (1.4)$$

1.2.4　建筑安装工程费用组成

根据住房和城乡建设部、财政部颁布的《关于印发〈建筑安装工程费用项目组成〉的通知》（建标〔2013〕44号），我国现行建筑安装工程费用项目按两种不同的方式划分，即按费用构成要素组成划分和按工程造价形成顺序划分。

1.2.4.1　建筑安装工程费用构成要素

建筑安装工程费用项目按费用构成要素组成划分为人工费、材料费、施工机具使用费、企业管理费、利润、规费和税金。其中，人工费、材料费、施工机具使用费、企业管理费和利润包含在分部分项工程费、措施项目费、其他项目费中（图1.3）。

1. 人工费

人工费是指按工资总额构成规定，支付给从事建筑安装工程施工的生产工人和附属生产单位工人的各项费用，包括以下内容：

（1）计时工资或计件工资：是指按计时工资标准和工作时间或对已做工作按计件单价支付给个人的劳动报酬。

（2）奖金：是指因超额劳动和增收节支而支付给个人的劳动报酬，如节约奖、劳动竞赛奖等。

（3）津贴补贴：是指为了补偿职工特殊或额外的劳动消耗和因其他特殊原因支付给个人的津贴，以及为了保证职工工资水平不受物价影响而支付给个人的物价补贴，如流动施工津贴、特殊地区施工津贴、高温（寒）作业临时津贴、高空津贴等。

（4）加班加点工资：是指按规定支付的在法定节假日工作的加班工资和在法定工作日工作时间外延时工作的加点工资。

（5）特殊情况下支付的工资：是指根据国家法律、法规和政策规定，因病、工伤、产假、计划生育假、婚丧假、事假、探亲假、定期休假、停工学习、执行国家或社会义务等原因按计时工资标准或计时工资标准的一定比例支付的工资。

2. 材料费

材料费是指施工过程中耗费的原材料、辅助材料、构配件、零件、半成品或成品、工程

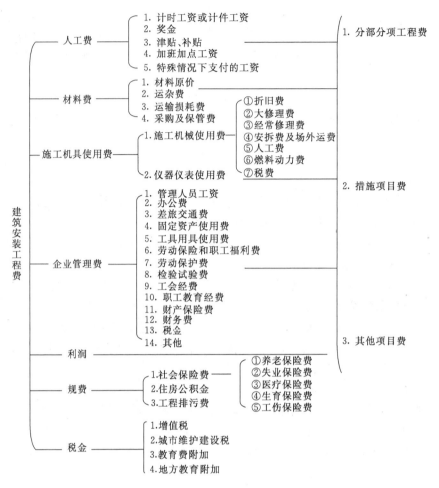

图 1.3　建筑安装工程费用构成

设备的费用，内容包括：

（1）材料原价：是指材料、工程设备的出厂价格或商家供应价格。

（2）运杂费：是指材料、工程设备自来源地运至工地仓库或指定堆放地点所发生的全部费用。

（3）运输损耗费：是指材料在运输装卸过程中不可避免的损耗。

（4）采购及保管费：是指为组织采购、供应和保管材料、工程设备的过程中所需要的各项费用，包括采购费、仓储费、工地保管费、仓储损耗。工程设备是指构成或计划构成永久工程一部分的机电设备、金属结构设备、仪器装置及其他类似的设备和装置。

3．施工机具使用费

施工机具使用费是指施工作业所发生的施工机械、仪器仪表使用费或其租赁费。

（1）施工机械使用费：以施工机械台班耗用量乘以施工机械台班单价表示，施工机械台班单价应由下列七项费用组成：

a．折旧费：指施工机械在规定的使用年限内，陆续收回其原值的费用。

b．大修理费：指施工机械按规定的大修理间隔台班进行必要的大修理，以恢复其正常功能所需的费用。

c. 经常修理费：指施工机械除大修理以外的各级保养和临时故障排除所需的费用，包括为保障机械正常运转所需替换设备与随机配备工具附具的摊销和维护费用，机械运转中日常保养所需润滑与擦拭的材料费用及机械停滞期间的维护和保养费用等。

d. 安拆费及场外运费：安拆费指施工机械（大型机械除外）在现场进行安装与拆卸所需的人工、材料、机械和试运转费用以及机械辅助设施的折旧、搭设、拆除等费用；场外运费指施工机械整体或分体自停放地点运至施工现场或由一施工地点运至另一施工地点的运输、装卸、辅助材料及架线等费用。

e. 人工费：指机上司机（司炉）和其他操作人员的人工费。

f. 燃料动力费：指施工机械在运转作业中所消耗的各种燃料及水、电等。

g. 税费：指施工机械按照国家规定应缴纳的车船使用税、保险费及年检费等。

（2）仪器仪表使用费：是指工程施工所需使用的仪器仪表的摊销及维修费用。

4．企业管理费

是指建筑安装企业组织施工生产和经营管理所需的费用，内容包括：

（1）管理人员工资：是指按规定支付给管理人员的计时工资、奖金、津贴补贴、加班加点工资及特殊情况下支付的工资等。

（2）办公费：是指企业管理办公用的文具、纸张、账表、印刷、邮电、书报、办公软件、现场监控、会议、水电、烧水和集体取暖降温（包括现场临时宿舍取暖降温）等费用。

（3）差旅交通费：是指职工因公出差、调动工作的差旅费、住勤补助费，市内交通费和误餐补助费，职工探亲路费，劳动力招募费，职工退休、退职一次性路费，工伤人员就医路费，工地转移费以及管理部门使用的交通工具的油料、燃料等费用。

（4）固定资产使用费：是指管理和试验部门及附属生产单位使用的属于固定资产的房屋、设备、仪器等的折旧、大修、维修或租赁费。

（5）工具用具使用费：是指企业施工生产和管理使用的不属于固定资产的工具、器具、家具、交通工具和检验、试验、测绘、消防用具等的购置、维修和摊销费。

（6）劳动保险和职工福利费：是指由企业支付的职工退职金、按规定支付给离休干部的经费，集体福利费、夏季防暑降温、冬季取暖补贴、上下班交通补贴等。

（7）劳动保护费：是企业按规定发放的劳动保护用品的支出，如工作服、手套、防暑降温饮料以及在有碍身体健康的环境中施工的保健费用等。

（8）检验试验费：是指施工企业按照有关标准规定，对建筑以及材料、构件和建筑安装物进行一般鉴定、检查所发生的费用，包括自设试验室进行试验所耗用的材料等费用；不包括新结构、新材料的试验费，对构件做破坏性试验及其他特殊要求检验试验的费用和建设单位委托检测机构进行检测的费用，对此类检测发生的费用，由建设单位在工程建设其他费用中列支；但对施工企业提供的具有合格证明的材料进行检测不合格的，该检测费用由施工企业支付。

（9）工会经费：是指企业按《中华人民共和国工会法》规定的全部职工工资总额比例计提的工会经费。

（10）职工教育经费：是指按职工工资总额的规定比例计提，企业为职工进行专业技术和职业技能培训，专业技术人员继续教育、职工职业技能鉴定、职业资格认定以及根据需要对职工进行各类文化教育所发生的费用。

（11）财产保险费：是指施工管理用财产、车辆等的保险费用。

（12）财务费：是指企业为施工生产筹集资金或提供预付款担保、履约担保、职工工资支付担保等所发生的各种费用。

（13）税金：是指企业按规定缴纳的房产税、车船使用税、土地使用税、印花税等。

（14）其他：包括技术转让费、技术开发费、投标费、业务招待费、绿化费、广告费、公证费、法律顾问费、审计费、咨询费、保险费等。

5. 利润

利润是指施工企业完成所承包工程获得的盈利。

6. 规费

规费是指按国家法律、法规规定，由省级政府和省级有关权力部门规定必须缴纳或计取的费用，包括以下内容：

（1）社会保险费：

1）养老保险费：是指企业按照规定标准为职工缴纳的基本养老保险费。

2）失业保险费：是指企业按照规定标准为职工缴纳的失业保险费。

3）医疗保险费：是指企业按照规定标准为职工缴纳的基本医疗保险费。

4）生育保险费：是指企业按照规定标准为职工缴纳的生育保险费。

5）工伤保险费：是指企业按照规定标准为职工缴纳的工伤保险费。

（2）住房公积金：是指企业按规定标准为职工缴纳的住房公积金。

（3）工程排污费：是指企业按规定缴纳的施工现场工程排污费。

其他应列而未列入的规费，按实际发生计取。

7. 税金

税金是指国家税法规定的应计入建筑安装工程造价内的增值税（2016年起营改增）、城市维护建设税、教育费附加以及地方教育附加（部分省区市含水利基金）。

1.2.4.2　建筑安装工程造价形成

建筑安装工程费按照工程造价形成由分部分项工程费、措施项目费、其他项目费、规费、税金组成，分部分项工程费、措施项目费、其他项目费包含人工费、材料费、施工机具使用费、企业管理费和利润（图1.4）。

1. 分部分项工程费

分部分项工程费是指各专业工程的分部分项工程应予列支的各项费用。

（1）专业工程：指按现行国家计量规范划分的房屋建筑与装饰工程、仿古建筑工程、通用安装工程、市政工程、园林绿化工程、矿山工程、构筑物工程、城市轨道交通工程、爆破工程等各类工程。

（2）分部分项工程：指按现行国家计量规范对各专业工程划分的项目。各类专业工程的分部分项工程划分见现行的国家或行业计量规范。

2. 措施项目费

措施项目费是指为完成建设工程施工，发生于该工程施工前和施工过程中的技术、生活、安全、环境保护等方面的费用，包括以下内容：

（1）安全文明施工费：

a. 环境保护费：指施工现场为达到环保部门要求所需要的各项费用。

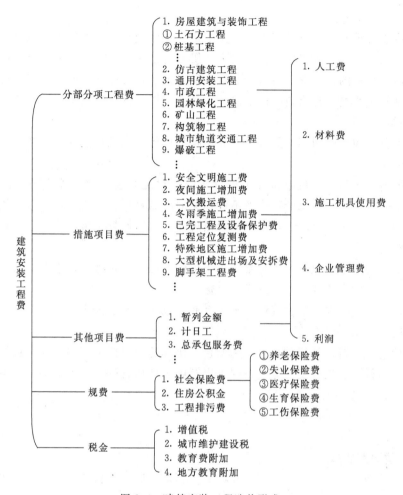

图 1.4 建筑安装工程造价形成

b. 文明施工费：是指施工现场文明施工所需要的各项费用。

c. 安全施工费：是指施工现场安全施工所需要的各项费用。

d. 临时设施费：是指施工企业为进行建设工程施工所必须搭设的生活和生产用的临时建筑物、构筑物和其他临时设施费用，包括临时设施的搭设、维修、拆除、清理费或摊销费等。

（2）夜间施工增加费：是指因夜间施工所发生的夜班补助费、夜间施工降效、夜间施工照明设备摊销及照明用电等费用。

（3）二次搬运费：是指因施工场地条件限制而发生的材料、构配件、半成品等一次运输不能到达堆放地点，必须进行二次或多次搬运所发生的费用。

（4）冬雨季施工增加费：是指在冬季或雨季施工需增加的临时设施、防滑、排除雨雪费用，以及因人工及施工机械效率降低等增加的费用。

（5）已完工程及设备保护费：是指竣工验收前，对已完工程及设备采取的必要保护措施所发生的费用。

（6）工程定位复测费：是指工程施工过程中进行全部施工测量放线和复测工作的费用。

（7）特殊地区施工增加费：是指工程在沙漠或其边缘地区、高海拔、高寒、原始森林等特殊地区施工增加的费用。

（8）大型机械设备进出场及安拆费：是指机械整体或分体自停放场地运至施工现场或由一个施工地点运至另一个施工地点，所发生的机械进出场运输及转移费用及机械在施工现场进行安装、拆卸所需的人工费、材料费、机械费、试运转费和安装所需的辅助设施的费用。

（9）脚手架工程费：是指施工需要的各种脚手架搭、拆、运输费用以及脚手架购置费的摊销（或租赁）费用。

措施项目及其包含的内容详见各类专业工程的现行国家或行业计量规范。

3. 其他项目费

（1）暂列金额：是指建设单位在工程量清单中暂定并包括在工程合同价款中的一笔款项，用于施工合同签订时尚未确定或者不可预见的所需材料、工程设备、服务的采购，施工中可能发生的工程变更、合同约定调整因素出现时的工程价款调整以及发生的索赔、现场签证确认等的费用。

（2）暂估价：是指发包人在工程量清单中提供的用于支付必然发生但暂时不能确定价格的材料、工程设备的单价和专业工程暂估金额。

（3）计日工：是指在施工过程中，施工企业完成建设单位提出的施工图纸以外的零星项目或工作所需的费用。

（4）总承包服务费：是指总承包人为配合、协调建设单位进行的专业工程发包，对建设单位自行采购的材料、工程设备等进行保管以及施工现场管理、竣工资料汇总整理等服务所需的费用。

（5）规费。

（6）税金。

1.2.5　工程建设其他费用

工程建设其他费用，是指从工程筹建起到工程竣工验收交付使用止的整个建设期间，除建筑安装工程费用和设备及工、器具购置费用以外的，为保证工程建设顺利完成和交付使用后能够正常发挥效用而发生的各项费用，包括建设用地费、与项目建设有关的其他费用、与未来企业生产经营有关的其他费用。

1.2.5.1　建设用地费

建设用地费包括土地征用及迁移补偿费、土地使用权出让金。

1.2.5.2　与项目建设有关的其他费用

建设项目不同，与项目建设有关的其他费用也不尽相同，一般包括以下几个方面：

（1）建设管理费。

（2）可行性研究费。

（3）研究试验费。

（4）勘察设计费。

（5）环境影响评价费。

（6）劳动安全卫生评价费。

（7）场地准备及临时设施费。

（8）引进技术和引进设备其他费。

（9）工程保险费。

（10）特殊设备安全监督检验费。

1.2.5.3 与未来企业生产经营有关的其他费用

与未来企业生产经营有关的其他费用主要包括以下几个方面：

（1）联合试运转费。

（2）专利及专有技术使用费。

（3）生产准备及开办费。

1.2.6 预备费和建设期利息

1.2.6.1 预备费

按我国现行规定，预备费包括基本预备费和价差预备费。

1. 基本预备费

基本预备费是针对在项目实施过程中可能发生难以预料的支出，需要事先预留的费用，又称工程建设不可预见费，主要指设计变更及施工过程中可能增加工程量的费用，计算公式为

$$基本预备费＝（工程费用＋工程建设其他费用）\times 基本预备费费率 \tag{1.5}$$

基本预备费费率按国家及部门相关规定计取。

2. 价差预备费

价差预备费是建设项目在建设期间由于利率、汇率或价格等因素的变化而预留的可能增加的费用。价差预备费的内容包括：人工、设备、材料、施工机械的价差费，建筑安装工程费及工程建设其他费用调整，利率、汇率调整等增加的费用。

价差预备费一般根据国家规定的投资综合价格指数，按照估算年份价格水平的投资额为基数，采用复利方法计算，计算公式为

$$PF = \sum_{t=1}^{n} I_t \left[(1+f)^m (1+f)^{0.5} (1+f)^{t-1} - 1 \right] \tag{1.6}$$

式中　PF——价差预备费；

$\quad\ n$——建设期年份数；

$\quad\ I_t$——建设期第 t 年的静态投资额；

$\quad\ f$——年涨价率；

$\quad\ m$——建设前期年限（从编制投资估算到开工建设），a。

1.2.6.2 建设期利息

建设期利息主要是指在建设期间内发生的为工程项目筹措资金的融资费用及债务资金利息。当总贷款是分年均衡发放时，建设期利息的计算可按当年借款在年中支用考虑，即当年贷款按半年计息，上年贷款按全年计息，计算公式为

$$q_j = \left(P_{j-1} + \frac{1}{2} A_j \right) i \tag{1.7}$$

式中　q_j——建设期第 j 年应计利息；

$\quad P_{j-1}$——建设期第 $(j-1)$ 年末累计贷款本金与利息之和；

$\quad\ A_j$——建设期第 j 年贷款金额；

$\quad\ i$——年利率。

1.3 安装工程定额

1.3.1 定额的分类

安装工程定额是在正常施工条件下，完成一定计量单位合格产品所需消耗的人工、材料和机械台班的数量标准。工程定额的种类很多，可以按照不同的原则和方法对它进行分类。

1.3.1.1 按生产要素消耗内容分类

工程定额可分为人工消耗定额、材料消耗定额和机械台班消耗定额。

1. 人工消耗定额

人工消耗定额也称劳动消耗定额，是在正常施工条件下，完成一定计量单位合格工程所需消耗的人工工日的数量标注。人工消耗定额按其表现形式不同，可分为时间定额和产量定额两种。时间定额和产量定额互为倒数。

【例 1.1】 定额规定安装 10m 长 $\phi40$ 塑料给水管，需要 1.54 工日。试确定其产量定额。

【解】 由题知时间定额为：$1.54 \div 10 = 0.154$（工日/m）。

则产量定额为：$1 \div 0.154 = 6.49$（m/工日）。

2. 材料消耗定额

材料消耗定额是在正常施工条件下，完成一定计量单位合格工程所需消耗的原材料、成品、半成品、构配件、燃料，以及水电等动力资源的数量标准。其计算公式为

$$材料总用量 = 材料净用量 \times (1 + 损耗率) \tag{1.8}$$

式中 材料净用量——构成产品实体的消耗量；

损耗率——损耗量与总用量的比值，其中损耗量为施工中不可避免的损耗。

3. 机械台班消耗定额

机械台班消耗定额是指在正常的施工技术和组织条件下，完成一定计量单位合格工程所需消耗的机械台班的数量标准。机械消耗定额可分为机械时间定额和机械产量定额两种。机械时间定额和机械产量定额互为倒数。

1.3.1.2 按定额的编制程序和用途分类

可以分为施工定额、预算定额、概算定额、概算指标和投资估算指标。

1. 施工定额

施工定额是指在合理的劳动组织和正常施工条件下，为完成一定计量单位合格的施工工程或基本工序所需消耗的人工、材料和机械台班的数量标准。施工定额是施工企业为组织生产和加强管理在企业内部使用的一种定额，属于企业生产定额的性质。施工定额是分项最细、定额子目最多的一种定额，也是编制预算定额的基础。

2. 预算定额

预算定额是指在正常施工条件下，完成一定计量单位合格的分项工程或结构构件所需消耗的人工、材料和施工机械台班消耗数量及其费用标准。预算定额是以施工定额为基础综合扩大编制的，同时也是编制概算定额的基础。

3. 概算定额

概算定额是完成单位合格扩大分项工程所需消耗的人工、材料和施工机械台班的数量及

其费用标准，是在预算定额的基础上综合扩大与合并而成，是编制设计概算的依据。

4. 概算指标

概算指标是以单位工程为对象，是完成单位合格建筑安装产品所需消耗的人工、材料和施工机械台班的数量及其费用标准，是概算定额的扩大与合并，是编制扩大初步设计概算和投资估算的依据。

5. 投资估算指标

投资估算指标是以建设项目、单项工程、单位工程为对象，反映建设总投资及其各项费用构成的经济指标。它是在编制项目建议书和可行性研究报告阶段进行投资估算、计算投资需要量时使用的一种定额。它的概略程度与可行性研究阶段相适应。投资估算指标往往根据历史的预、决算资料和价格变动等资料编制，但其编制基础仍离不开预算定额、概算定额。

上述各种定额的关系见表1.1。

表 1.1 各种定额间的关系

定额名称	施工定额	预算定额	概算定额	概算指标	投资估算指标
对象	施工过程或基本工序	分项工程和结构构件	扩大的分项工程或扩大的结构构件	单位工程	建设项目、单项工程、单位工程
用途	编制施工预算	编制施工图预算	编制初步设计概算	编制扩大初步设计概算	编制投资估算
项目划分	最细	细	较粗	粗	很粗
定额水平	平均先进	平均			
定额性质	生产性定额	计价性定额			

1.3.1.3 按主编单位和执行范围分类

工程定额可分为全国统一定额、行业统一定额、地区性定额、企业定额和补充定额。

1. 全国统一定额

全国统一定额是由国务院有关部门制定和颁发的定额，根据各专业工程的生产技术和施工组织管理的情况而编制的定额，在全国范围内使用，如《全国统一市政工程预算定额》。

2. 行业统一定额

行业统一定额是由各行业结合本行业特点，以及施工生产和管理水平编制的定额，一般在本行业和相同专业性质的范围内使用，如《水利建筑工程预算定额》。

3. 地区性定额

地区性定额是各省、自治区、直辖市定额，地区统一定额主要考虑地区性特点和全国统一定额水平作适当调整和补充编制的，在本地区范围内使用，如《安徽省建筑工程消耗量定额》。

4. 企业定额

企业定额是施工单位根据本企业的施工技术和管理水平，以及有关工程造价资料制定的，并供本企业使用的人工、材料和机械台班消耗量标准。企业定额只在企业内部使用，是企业素质的一个标志。企业定额水平一般应高于国家现行定额，才能满足生产技术发展、企业管理和市场竞争的需要，是施工企业进行投标报价的基础和依据。

5. 补充定额

补充定额是指随着设计、施工技术的发展在现行定额不能满足需要的情况下，为了补充缺项所编制的定额。补充定额只能在指定的范围内使用，同时报主管部门备查，可以作为以后补充或修订定额的基础。

1.3.2 预算定额的应用

1.3.2.1 预算定额表

预算定额表列有工作内容、计量单位、项目名称、定额编号、消耗量、定额基价及定额附注等内容。

1. 工作内容

工作内容是说明完成本节定额的主要施工过程。

2. 计量单位

每一分项工程都有一定的计量单位，预算定额的计量单位是根据分项工程的形体特征、变化规律或结构组合等情况选择确定的。一般来说，当物体的长、宽、高三个度量都在变化时，应采用 m³ 为计量单位；当物体有一固定的不同厚度，而它的长和宽两个度量所决定的面积不固定时，宜采用 m² 为计量单位；如果物体截面形状大小固定，但长度不固定时，应以 m 为计量单位；有的分部分项工程体积、面积相同，但重量和价格差异很大（如金属结构的制作、运输、安装等），应当以重量单位 kg 或 t 为计量单位；有的分项工程还可以按"个""组""座""套"等自然计量为单位。为了避免出现过多的小数位数，定额常采用扩大计量单位，如 10m³、100m³ 等。

3. 项目名称

项目名称是按构配件划分的，常用的和经济价值大的项目划分得细些，一般的项目划分得粗些。

4. 定额编号

定额编号是指定额的序号，其目的是便于检查使用定额时，项目套用是否正确合理，起减少差错、提高管理水平的作用。定额手册均用规定的编号方法——二符号编号，第一个号码表示属于定额第几册，第二个号码表示该册中子目的序号。例如，DN40mm 镀锌钢管安装，定额编号为 8-91；DN20mm 水龙头安装，定额编号为 8-439。

5. 消耗量

消耗量是指完成每一分项工程所需消耗的人工、材料、机械台班的数量。其中，人工消耗为工日数量，材料的消耗量定额列有原材料、成品、半成品的消耗量。机械定额为主要机械消耗台班数量。定额中的次要材料和次要机械用其他材料费或机械费表示。

6. 定额基价

定额基价是指定额的基准价格，指一个定额子目中所列的人工费、材料费、机械费，计算公式为

$$定额基价 = 人工费 + 材料费 + 机械费 \tag{1.9}$$

$$人工费 = 人工综合工日 \times 人工单价 \tag{1.10}$$

$$材料费 = \sum(材料消耗量 \times 材料单价) \tag{1.11}$$

$$机械费 = \sum(机械台班消耗量 \times 机械台班单价) \tag{1.12}$$

预算定额见表 1.2。

表 1.2　　　　　　　　　安装工程预算定额（水龙头）

工作内容：上水嘴、试水　　　　　　　　　　　　　　　　　　　　　　计量单位：10 个

定　额　编　号			8－438	8－439	8－440
项　　　目			公称直径（mm 以内）		
			15	20	25
名　　称	单位	单价（元）	数　　量		
人工	综合工日	工日	23.22	0.280	0.280	0.280
材料	钢水嘴	个	—	(10.100)	(10.100)	(10.100)
	铅油	kg	8.770	0.100	0.100	0.100
	线麻	kg	10.400	0.010	0.010	0.010
基价（元）				7.48	7.48	9.57
其中	人工费（元）			6.50	6.50	8.59
	材料费（元）			0.98	0.98	0.98
	机械费（元）			—	—	—

1.3.2.2　预算定额的应用

在运用预算定额时，要认真地阅读掌握定额的总说明、各分部工程说明、定额的运用范围及附注说明等。根据施工图纸、设计说明、作业说明确定的工程项目，完全符合预算定额项目的工程内容，可以采用直接套用定额、合并套用定额、调整系数法、内插法和材料换算等方法。

1. 直接套用

分项工程与定额名称、特征一致可直接套用定额，把工程数量与定额单位换算一致。

【例 1.2】 $35mm^2$ 内铜芯电缆敷设 1000m。试确定套用的定额子目编号、基价、人工工日消耗量及所需人工工日的数量。

【解】 $35mm^2$ 内铜芯电缆敷设：定额编号为［2－618］，定额计量单位为 100m，定额基价为 358.31（元/100m）；人工工日消耗量＝7.03（工日/100m）；工程数量＝1000/100＝10（100m）；所需人工工日数量＝10×7.03＝70.3（工日），见表 1.3。

表 1.3　　　　　　　　　　工 程 预 算 表

定额编号	定额名称	定额单位	工程量	基价（元）	合价（元）	工日数
2－618	$35mm^2$ 内铜芯电缆敷设	100m	10	358.31	3583.1	70.3

2. 合并套用

当分项工程不能由一个定额子目直接套用时，有时可采用几个定额子目合并套用。

【例 1.3】 查定额知：电缆沟铺砂盖保护板（1～2 根）定额编号为［2－531］，定额基价为 1552.81 元/100m，电缆沟铺砂盖保护板每增 1 根定额编号为［2－532］，定额基价为 701.11 元/100m。求电缆沟铺砂盖保护板（3 根）定额基价。

【解】 埋 3 根电缆的电缆沟铺砂盖保护板定额基价为 1552.81＋701.11＝2253.92（元/100m）

3. 系数换算法

按定额要求对定额子目中的人工、材料、机械进行调整，即：换算后基价＝原定额基价＋

调整费用。

【例 1.4】　已知安装 DN20 镀锌钢管定额编号为 [8-2]，基价为 20.26 元/10m，人工费 16.8 元。试确定管廊内安装 DN20 镀锌钢管基价。

【解】　由定额知，管廊内安装人工费要乘以系数 1.3，则管廊内安装 DN20 镀锌钢管基价为 20.26+16.8×0.3＝25.3（元/10m）。

4. 内插法

内插法即直线插入法，当分项工程特征参数介于两定额子目参数附近，可采用插入法换算出分项工程基价及消耗量。

【例 1.5】　某工业炉设备安装工程，由定额知 1.5t 和 3t 炼钢炉安装基价分别为 4448.24 元/台和 6837.34 元/台。试确定安装 2t 炼钢炉定额子目及基价。

【解】　安装 2t 炼钢炉定额基价为 $\dfrac{6837.34-X}{X-4448.24}=\dfrac{3-2}{2-1.5}\Longrightarrow X=5244.61$（元）。

5. 材料换算

当设计要求与定额的工程内容、材料规格与施工方法等条件不完全相符时，在符合定额的有关规定范围内加以调整换算。在换算过程中，定额的材料消耗量一般不变，仅调整与定额规定的品种或规格不相同材料的预算价格。经过换算的定额编号应加"H"或"换"字作为下标，换算公式为

换算基价＝原基价＋（换入材料预算价格－换出材料预算价格）×定额含量

1.4　安装工程清单计价

1.4.1　工程量清单的编制

1.4.1.1　工程量清单的概念

工程量清单表现的是拟建工程的分部分项工程项目、措施项目、其他项目、规费和税金项目名称和相应数量的明细清单。工程量清单由具有编制能力的招标人或受其委托、具有相应资质的工程造价咨询机构、招标代理机构等，依据《通用安装工程工程量计算规范》（GB 50856—2013）和《建设工程工程量清单计价规范》（GB 50500—2013）及招标文件的有关要求，按照"五个统一"（统一的项目编码、统一的项目名称、统一的项目特征、统一的计量单位、统一的工程量计算规则），结合设计图纸和施工现场实际情况进行编制。采用工程量清单方式招标，工程量清单必须作为招标文件的组成部分，其准确性和完整性由招标人负责。

1.4.1.2　工程量清单的编制依据

（1）《通用安装工程工程量计算规范》（GB 50856—2013）和《建设工程工程量清单计价规范》（GB 50500—2013）。

（2）国家或省级、行业建设主管部门颁发的计价依据和办法。

（3）建设工程设计文件。

（4）与建设工程项目有关的标准、规范、技术资料。

（5）招标文件及其补充通知、答疑纪要。

（6）施工现场情况、工程特点及常规施工方案。

（7）其他相关资料。

1.4.1.3 工程量清单的作用

工程量清单是工程量清单计价的基础，是编制招标控制价、投标报价、计算工程量、支付工程款、调整合同价款、办理工程结算以及工程索赔等的依据之一。

1.4.1.4 工程量清单的内容

工程量清单作为招标文件的组成部分，一个最基本的功能是作为信息的载体，以便投标人能对工程有全面充分的了解。在《通用安装工程工程量计算规范》（GB 50856—2013）和《建设工程工程量清单计价规范》（GB 50500—2013）中，工程量清单主要包括封面、填表须知、工程量清单总说明、分部分项工程项目清单、措施项目清单、其他项目清单、规费和税金项目清单表。

1.4.1.5 工程量清单的编制

1. 编制工程量清单封面及总说明

封面应按统一格式规定的内容填写、签字、盖章。总说明应包括以下内容：

（1）工程概况：包括建设规模、工程特征、招标工期要求、施工现场情况、交通运输情况、自然地理条件、环境保护要求等。

（2）工程招标和分包范围。

（3）工程量清单编制依据。

（4）工程质量、材料、施工等的特殊要求。

（5）招标人自行采购材料的名称、规格型号、数量等。

（6）暂列金额、暂估价金额。

（7）其他需要说明的问题。

2. 编制分部分项工程项目清单

分部分项工程项目清单包括项目编码、项目名称、项目特征、计量单位、工程量，并应严格按照《通用安装工程工程量计算规范》（GB 50856—2013）和《建设工程工程量清单计价规范》（GB 50500—2013）的统一的项目编码、项目名称、计量单位、工程量计算规则进行编制。

（1）项目编码。项目编码按 5 级编码设置，用 12 位阿拉伯数字表示。

第一级编码（1、2 位）：为专业工程码。房屋建筑与装饰工程为 01，仿古建筑工程为 02，通用安装工程为 03，市政公用工程为 04，园林绿化工程为 05，矿石工程为 06，构筑物工程为 07，城市轨道交通工程为 08，爆破工程为 09。

第二级编码（3、4 位）：为附录分类章顺序码。

第三级编码（5、6 位）：为分部工程顺序码。

第四级编码（7、8、9 位）：为分项工程项目顺序码。

第五级编码（10、11、12 位）：为清单项目名称顺序码。

以 031001001001 为例，各级项目编码划分、含义如下所示。

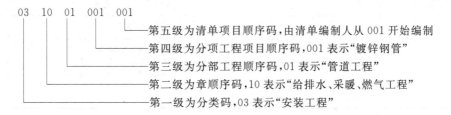

清单项目编码中一、二、三、四级编码按《通用安装工程工程量计算规范》(GB 50856—2013)统一编制，第五级编码由工程量清单编制人自行编制，由 001 开始顺序编制。

（2）项目名称。应按《通用安装工程工程量计算规范》（GB 50856—2013）中相应项目名称为主，并结合该项目的规格、型号、材质等项目特征和拟建工程的实际情况填写，形成完整的项目名称。项目名称若有缺项，招标人可按原则进行补充，并报当地工程造价管理部门备案。

（3）项目特征。项目特征是项目的本质特征，需准确描述，项目特征是指项目的实体名称、型号、规格、材质、品种、质量、连接方式等，是确定清单项目综合单价不可缺少的重要依据，在编制清单时，必须对项目特征进行准确和全面的描述。

（4）计量单位。应按《通用安装工程工程量计算规范》（GB 50856—2013）"分部分项工程项目清单"中的规定确定计量单位，除各专业另有特殊规定外，均按以下单位计量：

以质量计算的项目为 t 或 kg；以长度计算的项目为 m；以面积计算的项目为 m^2；以体积计算的项目为 m^3；以计数单位（自然单位）计算的项目为台、个、组、系统等。其中，以 "t" 为单位时，应保留小数点后三位数字，第四位四舍五入；以 m、m^2、m 为单位时，应保留小数点后两位数字，第三位四舍五入；以 "个""项"等为单位时，应取整数。

（5）工程量。工程量统一按照《通用安装工程工程量计算规范》（GB 50856—2013）中的工程量计算规则进行计算。除另有说明外，所有清单项目的工程量以实体工程量为准，并以完成后的净值计算。投标人投标报价时，应在单价中考虑施工中的各种损耗和需要增加的工程量。

3. 编制措施项目清单

措施项目是指完成工程项目施工，发生于该工程施工准备和施工过程中的技术、生活、安全、环境保护等方面的非工程实体项目，包括单价措施项目（专业措施）和总价措施项目（表1.4）。单价项目措施项目清单编制按照计量规范附录中措施项目规定的项目编码、项目名称、项目特征、计量单位、工程量计算规则编制，其编制方法按分部分项工程项目清单的规定执行。总价措施项目清单按照计量规范附录中措施项目规定的项目编码、项目名称确定清单项目，其编制方法按照国家或省级、行业建设主管部门颁发的计价文件规定执行。

表 1.4　　　　　　　　　　　　　　　安装工程措施项目表

类别	项目编码	措 施 项 目 名 称
专业措施项目	031301001	吊装加固
	031301002	金属抱杆安装、拆除、移位
	031301003	平台铺设、拆除
	031301004	顶升、提升装置
	031301005	大型设备专用机具
	031301006	焊接工艺评定
	031301007	胎（模）具制作、安装、拆除
	031301008	防护棚制作、安装、拆除
	031301017	脚手架搭设

类别	项目编码	措 施 项 目 名 称
总价措施项目	031302001	安全文明施工
	031302002	夜间施工增加
	031302003	非夜间施工增加
	031302004	二次搬运
	031302005	冬雨季施工
	031302006	已完工程及设备保护
	031302007	高层施工增加

4. 编制措施项目清单

其他项目清单中的项目应根据拟建工程的具体情况列项。

（1）暂列金额：如需发生，将其项目名称、暂定金额填写在暂列金额明细表，并汇总至其他项目清单与计价汇总表；如不需发生，暂列金额明细表为空白表格。

（2）暂估价：包括材料设备暂估单价和专业工程暂估价。材料设备暂估单价：如需发生，将其材料、设备名称、规格、型号、计量单位、单价填写在材料、设备暂估价表；如不需发生，材料、设备暂估价表为空白表格。专业工程暂估价：如需发生，将其工程名称、工程内容、金额填写在专业工程暂估价表，并汇总至其他项目清单与计价汇总表；如不需发生，专业工程暂估价表为空白表格。

（3）计日工：如需发生，将其人工、材料、机械的单位以及暂定数量填写在计日工表；如不需发生，计日工表为空白表格。

（4）总承包服务费：如需发生，将发包人分包专业工程或发包人供应材料对应的服务内容、费率填写在总承包服务费计价表；如不需发生，总承包服务费计价表为空白表格。

5. 编制规费和税金项目清单

规费清单包括以下内容：

（1）社会保险费。包括①养老保险费；②失业保险费；③医疗保险费；④生育保险费；⑤工伤保险费。

（2）住房公积金。

（3）工程排污费。

税金清单包括增值税、城市维护建设税、教育费附加以及地方教育附加（部分省区市含水利基金）。

1.4.2 工程量清单计价

1.4.2.1 工程量清单计价的概念

工程量清单计价包括编制招标标底（控制价）、投标报价、合同价款的确定与调整以及办理工程结算等。工程量清单投标报价是指在施工招标活动中，招标人按规定格式提供工程的工程量清单，投标人按工程价格的组成、计价规定自主报价。

各投标企业在工程量清单报价条件下必须对单位工程成本、利润进行分析、统筹考虑，精心选择施工方案，并根据企业自身能力合理确定人工、材料、机械等的投入与配置、优化组合，有效地控制现场费用和技术措施费用，形成具有竞争力的报价。

1.4.2.2 清单计价编制依据

（1）现行《建设工程工程量清单计价规范》（GB 50500—2013）。

（2）现行国家或省级、行业建设主管部门颁发的计价定额和计价办法。

（3）建设工程设计文件及相关资料。

（4）拟定的招标文件及招标工程量清单。

（5）与建设项目相关的标准、规范、技术资料。

（6）拟建工程项目的施工现场情况、工程特点及施工方案。

（7）工程造价管理机构发布的《工程造价信息》及市场价格。

（8）其他的相关资料。

1.4.2.3 工程量清单计价程序

工程量清单计价模式下的费用项目包括分部分项工程费、措施项目费、其他项目费、规费和税金。

单位工程费为分部分项工程费、措施项目费、其他项目费、规费与税金之和；单项工程费为各单位工程费之和；建设项目费为各单项工程费之和。

1. 分部分项工程费

分部分项工程费是指完成工程量清单列出的各分部分项工程量所需的费用，包括人工费、材料费、机械使用费、管理费、利润和风险。

$$分部分项工程费 = \sum 分部分项工程量 \times 分部分项工程综合单价$$

分部分项工程综合单价由人工费、材料费、机械费、管理费、利润组成，并考虑一定的风险费用，分别如下计算：

$$人工费 = \sum（定额综合工日数量 \times 人工工日单价）$$

$$材料费 = \sum（定额材料数量 \times 对应材料单价）$$

$$机械费 = \sum（定额机械台班数量 \times 对应机械台班单价）$$

$$管理费 = 计算基数 \times 费率$$

$$利润 = 计算基数 \times 利润率$$

计算基数一般为：①人工费；②人工费＋机械费；③人工费＋材料费＋机械费。具体按当地造价主管部门的规定执行。

2. 措施项目费

措施项目费是由单价措施项目和总价措施项目来确定工程措施项目金额的总和。

$$单价措施项目费 = \sum 单价措施项目工程量 \times 措施项目综合单价$$

$$总价措施项目费 = 计算基数 \times 费率$$

综合单价的费用构成和确定方法与分部分项工程综合单价类似，计算基数同上。

3. 其他项目费

其他项目费是指暂列金额、暂估价、计日工、总承包服务费。

暂列金额应根据工程特点，按有关计价规定估算。暂估价中的材料单价应根据工程造价信息或参照市场价格估算，暂估价中的专业工程金额应分不同专业，按有关计价规定估算。计日工应根据工程特点和有关计价依据计算。总承包服务费应根据招标文件列出的内容和要求估算。

4. 规费

规费是政府和有关部门规定必须缴纳的费用的总和。

$$规费=\sum 计算基数\times 规费费率$$

5. 税金

税金是指国家规定应计入建筑安装工程造价内的增值税、城市维护建设税和教育费附加和地方教育附加（部分省市含水利基金）。

$$增值税=计税基数\times 增值税税率(11\%)$$
$$城市维护建设税=增值税\times 建设税率(7\%、5\%、1\%)$$
$$教育费附加=增值税\times 税率(3\%)$$
$$地方教育附加=增值税\times 税率(2\%)$$

1.4.2.4 工程量清单计价表格（投标）

工程量清单投标报价应采用统一格式，由下列内容组成：封面，投标报价，总说明，建设项目投标报价汇总表，单项工程投标报价汇总表，单位工程投标报价汇总表，分部分项工程与单价措施项目清单与计价表，综合单价分析表，总价措施项目清单与计价表，其他项目清单与计价汇总表，暂列金额明细表，材料（设备）暂估单价及调整表，专业工程暂估价及结算表，计日工表，总承包服务计价表，规费、税金项目计价表，主要材料设备一览表。

工程量清单投标报价各组成内容的具体格式如下。

（1）投标总价封面见图 1.5。

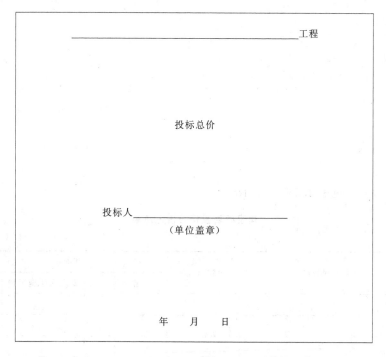

_____工程

投标总价

投标人_____

（单位盖章）

年　　月　　日

图 1.5　投标总价封面

（2）投标总价扉页见图 1.6。

```
招  标  人：_____
工  程  名  称：_____
投标总价（小写）：_____
        （大写）：_____

投  标  人：_____
                （单位盖章）

法定代表人
或其授权人：_____
                （签字或盖章）

编  制  人：_____
                （造价人员签字盖专用章）

时      间：    年    月    日
```

图 1.6 投标总价扉页

（3）总说明见图 1.7。

工程名称：   第 页 共 页

图 1.7 总说明

（4）计价表格。见表 1.5～表 1.18。

表 1.5   建设项目投标报价汇总表

工程名称：   第 页 共 页

序号	单项工程名称	金额（元）	其中： （元）		
			暂估价	安全文明施工费	规费
合 计					

表 1.6   **单项工程投标报价汇总表**

工程名称：   第 页 共 页

序号	单位工程名称	金额（元）	其中：（元）		
			暂估价	安全文明施工费	规费
合　计					

表 1.7   **单位工程投标报价汇总表**

工程名称：   标段：   第 页 共 页

序号	汇总内容	金额（元）	其中：暂估价（元）
1	分部分项工程		
1.1			
1.2			
1.3			
1.4			
⋮			
2	措施项目		
2.1	其中：安全文明施工费		
3	其他项目		
3.1	其中：暂列金额		
3.2	其中：专业工程暂估价		
3.3	其中：计日工		
3.4	其中：总包服务费		
4	规费		
5	税金		
投标报价合计＝1＋2＋3＋4＋5			

表 1.8　　　　　　　　**分部分项工程和单价措施项目清单与计价表**

工程名称：　　　　　　　　　　标段：　　　　　　　　　第 页 共 页

序号	项目编码	项目名称	项目特征描述	计量单位	工程量	金额（元）		
						综合单价	合价	其中：暂估价
本页小计								
合　　计								

表 1.9　　　　　　　　　　　**综 合 单 价 分 析 表**

工程名称：　　　　　　　　　　标段：　　　　　　　　　第 页 共 页

项目编码		项目名称		计量单位		工程量	

清单综合单价组成明细											
定额编号	定额项目名称	定额单位	数量	单　价				合　价			
				人工费	材料费	机械费	企业管理费和利润	人工费	材料费	机械费	企业管理费和利润
人工单价		小　计									
元/工日		未计价材料费									
清单项目综合单价											

材料费明细	主要材料名称、规格、型号			单位	数量	单价（元）	合价（元）	暂估单价（元）	暂估合价（元）
	其他材料费								
	材料费小计								

表 1.10　　　　　　　　　　　　　　**总价措施项目清单与计价表**

工程名称：　　　　　　　　　　　　标段：　　　　　　　　　　　第 页 共 页

序号	项目编码	项目名称	计算基础	费率（%）	金额（元）	调整费率（%）	调整后金额（元）	备注
		安全文明施工费						
		夜间施工增加费						
		二次搬运费						
		冬雨季施工增加费						
		已完工程设备保护费						
合　计								

表 1.11　　　　　　　　　　　　　　**其他项目清单与计价汇总表**

工程名称：　　　　　　　　　　　　标段：　　　　　　　　　　　第 页 共 页

序号	项 目 名 称	金额（元）	结算金额（元）	备 注
1	暂列金额			
2	暂估价			
2.1	材料（工程设备）暂估价			
2.2	专业工程暂估价			
3	计日工			
4	总承包服务费			
合　计				

表 1.12　　　　　　　　　　　　　　**暂 列 金 额 明 细 表**

工程名称：　　　　　　　　　　　　标段：　　　　　　　　　　　第 页 共 页

序号	项 目 名 称	计量单位	暂定金额（元）	备 注
合　计				

表 1.13

材料（工程设备）暂估单价及调整表

工程名称：　　　　　　　　　　　　　标段：　　　　　　　　　　　第　页　共　页

序号	材料（工程设备）名称、规格、型号	计量单位	数量		暂估（元）		确认（元）		差额±（元）		备注
			暂估	确认	单价	合价	单价	合价	单价	合价	
合　计											

表 1.14

专业工程暂估价及结算价表

工程名称：　　　　　　　　　　　　　标段：　　　　　　　　　　　第　页　共　页

序号	工程名称	工程内容	暂估金额（元）	结算金额（元）	差额±（元）	备注
合　计						

表 1.15

计　日　工　表

工程名称：　　　　　　　　　　　　　标段：　　　　　　　　　　　第　页　共　页

编号	项目名称	单位	暂定数量	实际数量	综合单价（元）	合　价	
						暂定	实际
1	人工						
1.1							
人工小计							
2	材料						
2.1							
材料小计							
3	机械						
3.1							
机械小计							
4	企业管理费和利润						
总　计							

表 1.16　　　　　　　　　　　　　　　**总承包服务费计价表**

工程名称：　　　　　　　　　　　　　标段：　　　　　　　　　　第 页 共 页

序号	项 目 名 称	项目价值（元）	服务内容	计算基础	费率（%）	金额（元）
1	发包人发包专业工程					
2	发包人提供材料					
	合　计					

表 1.17　　　　　　　　　　　　　　　**规费、税金项目计价表**

工程名称：　　　　　　　　　　　　　标段：　　　　　　　　　　第 页 共 页

序号	项 目 名 称	计 算 基 础	费率（%）	金额（元）
1	规费			
1.1	社会保险费	定额人工费		
（1）	养老保险费	定额人工费		
（2）	失业保险费	定额人工费		
（3）	医疗保险费	定额人工费		
（4）	工伤保险费	定额人工费		
（5）	生育保险费	定额人工费		
1.2	住房公积金	定额人工费		
1.3	工程排污费	按工程所在当地环境保护部门收取标准，按实计入		
2	税金			
	合　计			

表 1.18　　　　　　　　　　　　　　　**承包人提供主要材料和工程设备一览表**

工程名称：　　　　　　　　　　　　　标段：　　　　　　　　　　第 页 共 页

序号	名称、规格、型号	单位	数量	风险系数（%）	基准单价（元）	投标单价（元）	发承包人确认单价（元）	备注

复 习 思 考 题

1.1　单项选择题

1. 采暖工程中管道安装属于（　　　）。

A. 单项工程　　　　B. 单位工程　　　　C. 分部工程　　　　D. 分项工程

2. 下列费用中属于建筑安装工程费中企业管理费的是（　　　）。

A. 安全施工费　　　B. 工伤保险费　　　C. 劳动保险费　　　D. 住房公积金

3. 不属于按生产要素消耗内容分类的定额是（　　　）。

A. 人工消耗定额　　　　　　　　　　B. 机械台班消耗定额

C. 施工定额　　　　　　　　　　　　D. 材料消耗定额

4. 以下关于工程量清单说法不正确的是（　　　）。

A. 工程量清单应以表格形式表现　　　B. 工程量清单是招标文件的组成部分

C. 工程量清单可由招标人编制　　　　D. 工程量清单是由投标人提供的文件

5. 在工程量清单中，最能体现部分分项工程项目自身价值的本质是（　　　）。

A. 项目编码　　　　B. 项目名称　　　　C. 项目特征　　　　D. 计量单位

6. 下列不属于清单其他项目费的是（　　　）。

A. 暂列金额　　　　B. 计日工　　　　　C. 住房公积金　　　　D. 总承包服务费

7. 下列不属于安全文明施工费的是（　　　）。

A. 安全施工费　　　B. 文明施工费　　　C. 环境保护费　　　D. 工程排污费

8. 下列工程量清单计价方法中，不正确的是（　　　）。

A. 单项工程费＝∑单位工程费

B. 单价措施项目费＝∑措施项目工程量×综合单价

C. 分部分项工程费＝∑分部分项工程量×综合单价

D. 单位工程费＝∑分部分项工程费

1.2　问答题

1. 简述清单计价编制依据。

2. 工程量清单包括哪些清单？

3. 分部分项工程项目清单由哪几部分内容构成？

4. 简述清单计价程序。

项目 2 建筑给排水工程计量与计价

学习目标：

熟悉给排水工程基本知识；掌握建筑给排水工程施工图识图方法；熟悉建筑给排水工程定额和清单，并学会应用；掌握建筑给排水工程工程量计算规则；掌握建筑给排水工程清单的编制和计价方法。

2.1 建筑给排水工程基础知识

2.1.1 建筑给排水系统的分类和组成

2.1.1.1 建筑给水系统的分类和组成

建筑内部给水系统是将城镇给水管网或自备水源给水管网的水引入室内，经配水管送至生活、生产和消防用水设备，并满足用水点对水量、水压和水质要求的冷水供应系统。

1. 给水系统的分类

根据用户对水质、水压、水量、水温的要求，并结合外部给水系统情况进行划分，有 3 种基本给水系统：生活给水系统、生产给水系统、消防给水系统。

生活给水系统是供人们在日常生活中饮用、烹饪、盥洗、沐浴、洗涤衣物、冲厕、清洗地面和其他生活用途的用水。近年随着人们对饮用水品质要求的不断提高，在某些城市、地区或高档住宅小区、综合楼等实施分质供水，管道直饮水给水系统已进入住宅。

生产给水系统是供生产过程中产品工艺用水、清洗用水、冷饮用水、生产空调用水、稀释用水、除尘用水、锅炉用水等用途的用水。由于工艺过程和生产设备的不同，这类用水的水质要求有较大的差异，有的低于生活用水标准，有的远远高于生活饮用水标准。

消防用水用于灭火和控火，即扑灭火灾和控制火势蔓延。消防灭火设施用水，主要包括：消火栓、消防卷盘和自动喷水灭火系统喷头等设施的用水。消防用水对水质要求不高，但必须按照建筑设计防火规范要求保证供给足够的水量和水压。

2. 给水系统的组成

如图 2.1 所示，建筑内部给水系统一般由引入管、给水管道、给水附件、给水设备、配水设施和计量仪表等组成。

（1）引入管。从室外给水管网的接管点引至建筑物内的管段，一般又称"进户管"。引入管段上一般设有水表、阀门等附件。一般建筑引入管可以只设 1 条。不允许间断供水的建筑，引入管不少于 2 条，应从室外环状管网不同管段引入。引入管设 2 条时，应分别从建筑物的两侧引入，以确保安全供水。当一条管道出现问题需要检修时，另一条管道仍可保证供水。若必须同侧引入时，两条引入管的间距不得小于 15m，并在两条引入管之间的室外给水管上装阀门。

（2）水表节点。如图 2.2 和图 2.3 所示，水表节点是安装在引入管上的水表及其前后设

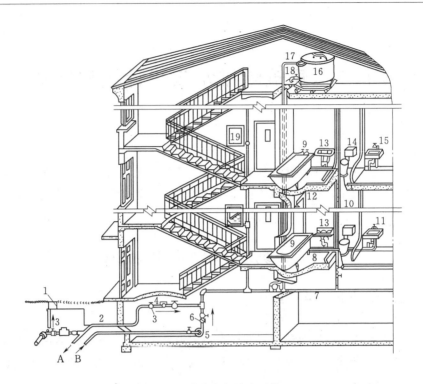

图 2.1　建筑内部给水系统

A—入储水池；B—来自储水池；1—阀门井；2—引入管；3—闸阀；4—水表；5—水泵；6—止回阀；
7—干管；8—支管；9—浴盆；10—立管；11—水嘴；12—淋浴器；13—洗脸盆；14—大便器；
15—洗涤盆；16—水箱；17—进水管；18—出水管；19—消火栓

置的阀门和泄水装置的总称。为了水表修理和拆装、读数的方便，需要设水表井，水表以及相应的配件都设在水表井内。

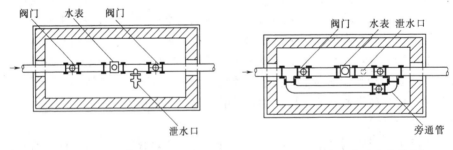

图 2.2　水表节点　　　　　图 2.3　有旁通管的水表节点

（3）给水管道。给水管道包括干管、立管、支管和分支管，用于输送和分配用水。干管，又称总干管，是将水从引入管输送至建筑物各区域的管段。立管，又称竖管，是将水从干管沿垂直方向输送至各楼层、各不同标高处的管段。支管，又称分配管，是将水从立管输送至各房间内的管段。

（4）给水附件。给水附件是指管道系统中调节水量、水压、控制水流方向、改善水质，以及关断水流，便于管道、仪表和设备检修的各类阀门和设备。给水附件包括各种阀门、水锤消除器、过滤器、减压孔板等管路附件。

（5）配水设施。生活、生产和消防给水系统其管网的终端用水点上的设施即为配水装置。生活给水系统主要指卫生器具的给水配件或配水嘴；生产给水系统主要指用水设备；消防给水系统主要指室内消火栓和自动喷水灭火系统中的各种喷头。

（6）增压和储水设备。增压和储水设备包括升压设备和储水设备，如水泵、水泵-气压罐供水设备以及水箱、储水池和吸水井等储水设备。

2.1.1.2 建筑排水系统的分类和组成

建筑内部排水系统的功能是将人们在日常生活和工业生产过程中使用过的、受到污染的水以及降落到屋面的雨水和雪水收集起来，及时排到室外。

1. 排水系统的分类

建筑内部排水系统分为污废水排水系统和屋面雨水排水系统两大类。按照污废水的来源，污废水排水系统又分为生活排水系统和工业废水排水系统。按污水与废水在排放过程中的关系，生活排水系统和工业废水排水系统又分为合流制和分流制两种体制。

2. 排水系统的组成

建筑内部污废水排水系统应能满足以下三个基本要求：

（1）系统能迅速畅通地将污废水排到室外。

（2）排水管道系统内的气压稳定，有毒有害气体不进入室内，保持室内良好的环境卫生。

（3）管线布置合理，简短顺直，工程造价低。

为满足上述要求，建筑内部污废水排水系统的基本组成部分有卫生器具和生产设备的受水器、排水管道、清通设备和通气管道，如图 2.4 所示。

在有些建筑物的污废水排水系统中，根据需要还设有污废水的提升设备和局部处理构筑物。

（1）卫生器具和生产设备受水器。卫生器具和生产设备受水器是接受、排出人们在日常生活中产生的污废水或污物的容器或装置。生产设备受水器是接受、排出工业企业在生产过程中产生的污废水或污物的容器或装置。

（2）排水管道。排水管道包括器具排水管（含存水弯）、横支管、立管、埋地干管和排出管。其作用是将各个用水点产生的污废水及时、迅速输送到室外。

（3）清通设备。清通设备包括设在横支管顶端的清扫口，设在立管或较长横干管上的检查口和设在室内较长的埋地横干管上的检查口井。

（4）提升设备。工业与民用建筑的地下室、人防建筑、高层建筑的地下技术层和地下铁道等处标高较低，在这些场所产生、收集的污废水不能自流排至室外的检查井，须设污废水提升设备。

（5）局部处理构筑物。当建筑内部污水未经处理不允许直接排入市政排水管网或水体时，须设污水局部处理构筑物，如处理民用建筑生活污水的化粪池，降低锅炉、加热设备排污水水温的降温池，去除含油污水的隔油池，以及以消毒为主要目的的医院污水处理构筑物等。

（6）通气系统。建筑内部排水管道内是水气两相流。为使排水管道系统内空气流通，压力稳定，避免因管内压力波动使有毒有害气体进入室内，需要设置与大气相通的通气管道系统。通气系统有排水立管延伸到屋面上的伸顶通气管、专用通气管以及专用附件。

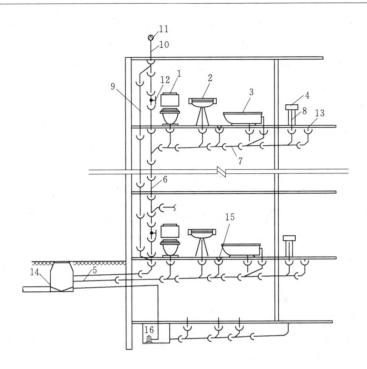

图 2.4　建筑内部排水系统

1—坐便器；2—洗脸盆；3—浴盆；4—厨房洗涤盆；5—排水出户管；6—排水立管；
7—排水横支管；8—器具排水管；9—专用通气管；10—伸顶通气管；11—通风帽；
12—检查口；13—清扫口；14—排水检查井；15—地漏；16—污水泵

2.1.2　建筑给排水系统常用材料和设备

2.1.2.1　常用管材

目前，建筑给排水常用管材主要有塑料管、金属管和复合管三种。市场上对无污染的新型给排水管材的需求越来越多。随着经济的发展，人们生活水平的提高，人们对建筑功能及卫生条件要求越来越高，尤其是管材的合理选择对于确保建筑物使用功能起着至关重要的作用。

1. 塑料管

（1）硬聚氯乙烯管（UPVC）。在世界范围内，硬聚氯乙烯管道（UPVC）是各种塑料管道中消费量最大的品种，如图 2.5 所示。通常用于冷水及污水、雨水管道上。UPVC 管材通常可用黏合剂黏接，也可用胶圈柔性连接。如图 2.6 所示，UPVC 消音管内壁带有六条三角凸形螺旋线，使下水沿着管内壁自由连续呈螺旋状流动。消音管的独特结构可以使空气在管中央形成气柱直接排出，没有必要另外设置专用通气管；消音管使高层建筑排水通气能力提高 10 倍，排水量增加 6 倍，噪声比普通 UPVC 排水管和铸铁管低 30～40dB。消音管主要用于排水管道系统，特别是高层建筑排水管道系统。

（2）高密度聚乙烯管（PE-HD）。PE 管材以密度区分，有低密度聚乙烯管（LDPE）、中密度聚乙烯管（MPVC）、高密度聚乙烯管（HDPE，图 2.7）。LDPE 管材的柔性、伸长率、耐冲击性能较好，耐化学稳定性和抗高频绝缘性能良好，主要用于农田排灌。HDPE管具有较高的强度及刚度。MDPE 管还具有良好的柔性和抗蠕变性能。后两种管材，特别

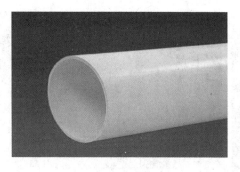

图 2.5 硬聚氯乙烯管（UPVC）　　　　　　图 2.6 UPVC 消音管

是 HDPE 管，广泛用作排水管、污水管、地下电缆管、农业排灌管。

（3）交联聚乙烯管（PE－X）。如图 2.8 所示，交联聚乙烯是通过化学或物理方法，使普通聚乙烯的线性分子结构改性成三维交联网状结构，从而具有优良的温度适应性（－70～110℃）、耐压性（爆破压力 6MPa）、稳定性和持久性（使用寿命达 50 年以上），而且具有无毒、不滋生细菌等优点，但交联聚乙烯管内存水较久，略带异味。交联聚乙烯管主要用于室内热水管道和地面辐射采暖管道上。

图 2.7 高密度聚乙烯管（HDPE）　　　　　图 2.8 交联聚乙烯管（PE－X）

（4）无规共聚聚丙烯管（PP－R）。聚丙烯管（PP）虽然无毒，价廉，但抗冲击强度差，作为供水管材不理想，通过共聚合的方式使聚丙烯改性，提高了管材的抗冲击强度等性能。改性聚丙烯管有三种，即均聚共聚聚丙烯管（PP－H）、嵌段共聚聚丙烯管（PP－B）、无规共聚聚丙烯管（PP－R），如图 2.9 所示。此类管材柔软、易于安装、密封性好、耐腐蚀、使用寿命长。管件的连接采用熔接方式。它是一种很有发展前景的管材，具有节能、节材、环保、轻质高强、耐腐蚀、内壁光滑不结垢、施工和维修简便、使用寿命长等优点，广泛应用于建筑给排水、城乡给排水、城市燃气、电力和光缆护套、工业流体输送、农业灌溉等建筑业、市政、工业和农业领域。

2. 金属管

（1）铸铁管。铸铁管有较强耐腐蚀性、价格低、经久耐用、连接方便，适合于埋设于地下，但其缺点是质脆、不耐振动、重量大、强度较钢管差。铸铁管分灰铸铁管和球墨铸铁管，接口有承插连接和法兰连接等。球墨铸铁管的制作过程是在普通铸铁管的原材料中添加了镁、钙等碱土金属或稀有金属铸造而成，与普通铸铁管对比，不仅保持了普通铸铁管的抗

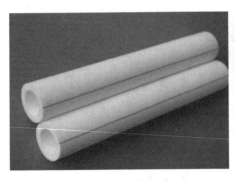
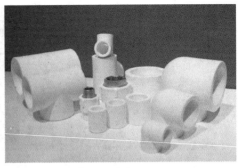

图 2.9　无规共聚聚丙烯管及管件（PP-R）

腐蚀性，而且具有强度高、韧性好、壁薄、重量轻、耐冲击、弯曲性能大、安装方便等优点。因此球墨铸铁管不但在国外普遍采用，而且在国内也得到了很好的推广使用。

（2）钢管。钢管强度高、耐振动、重量较轻、长度大、接头少，管壁光滑，水力条件好；但耐腐性差，易生锈蚀，造价较高；接口有螺纹连接（丝扣连接）、法兰连接和焊接三种。

（3）铜管。铜管具有极强的耐腐性、传热性，且韧性好、重量轻、管壁光滑、水力性质好，接口多用焊接，快速方便，但价格较高，管径较小。目前，在高级建筑物中的热水管有使用铜管的，其他场合使用较少。铜管常采用焊接或螺纹连接。

3. 复合管

（1）钢塑复合管（图 2.10）。钢塑复合管是以高密度聚乙烯（HDPE）或交联聚乙烯（PEX）为内、外层，中间为对接焊钢管，各层之间采用热熔胶紧密粘接的新型绿色管材。一般 DN100 以下的钢塑复合管采用螺纹连接，DN100 以上的钢塑复合管采用卡箍连接。

（2）铝塑复合管（图 2.11）。选用对焊加工工艺采用物理复合和化学复合的方法，将聚乙烯处于高温熔融状态。铝管处于加热状态，在铝和聚乙烯之间再加入一层黏合剂，形成聚乙烯-黏合剂-铝-黏合剂-聚乙烯五层结构，五层材料通过高温、高压融合成一体，就形成铝塑复合管。铝塑复合管可采用法兰连接、螺纹连接和压盖连接。

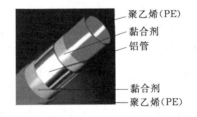

图 2.10　钢塑复合管　　　　　　　　图 2.11　铝塑复合管

（3）铜塑复合管。铜塑复合管的外层为硬质塑料，内层为铜管。铜塑复合管结合了铜管和塑料管的优点，具有良好的耐腐性和保温性，接口采用铜质管件，连接方便、快速，但价格较高，目前多用于室内热水供应管道。

2.1.2.2　管道支架和套管

管道支架的作用是支持管道，限制管道变形和位移，承受从管道传来的内压力、外荷载及温度变形的弹性力，并通过支架将这些力传递到支撑结构或地基上。管道支架按支架对管道的制约作用不同分为固定支架和活动支架，按支架自身构造情况的不同分为托架和吊架。

一般管道穿越建筑结构（如基础、墙体、楼板等）的时候，要求加套管，主要是为了保持管道与结构分离，避免管道的变形（如振动、涨缩等）与结构的变形（如沉降、振动、伸缩等）不一致的时候造成管道的损坏。

防水套管又叫穿墙套管、穿墙管。柔性防水套管一般适用于管道穿过墙壁之处受有振动或有严密防水要求的构筑物，套管部分加工完成后，在其外壁均刷底漆一遍（底漆包括樟丹或冷底子油）。柔性防水套管除了外部翼环，内部还有挡圈之类的，法兰内丝，有成套卖的，也可自己加工，用于有减震需要的管路，如和水泵连接的管道穿墙时。刚性防水套管是钢管外加翼环（钢板做的环形套在钢管上），装于墙内（多为混凝土墙），用于一般管道穿墙，利于墙体的防水。

2.1.2.3　管道附件

管道附件包括配水附件和控制附件。

1. 配水附件

配水附件主要包括各种水嘴、盥洗水嘴、混合水嘴、小便器水嘴、电子自动水嘴等。

2. 控制附件

控制附件主要包括建筑给水系统中用来调节水量、水压，控制水流方向，以及关断水流，便于管道、仪表和设备检修的各类阀门。

（1）截止阀。关闭严密，但水流阻力较大；常应用于 DN50 以下的管道中；低进高出，防止装反。

（2）闸阀。水流阻力小，但水中有杂质时易磨损阀座造成漏水；常应用于 DN50 以上的管道中。

（3）蝶阀。阀板在 90° 翻转范围内可调节水流和关闭作用，启闭方便，结构紧凑，体积小。

（4）止回阀。阻止管道中的水流反向流动；按结构不同来分，有旋启式和升降式（装于水平管道上，水头损失大，适用于小管径）。

（5）浮球阀。运用杠杆及浮力原理，当水位下降，浮球带动阀杆一端随之下降，阀芯离开密封面，阀门即开启供水；反之，阀门即关闭。

（6）液压水位控制阀。水位控制阀又名液压水位控制阀。液压水位控制阀具有自动开启关闭管路以控制水位的功能，适用于工矿企业、民用建筑中各种水塔（池）自动供水系统，并可作常压锅炉循环供水控制阀。

（7）安全阀。避免管网、用具或密闭水箱发生超压破坏。有弹簧式和杠杆式。

2.1.2.4　卫生器具

卫生器具是室内排水系统的重要组成部分，是用来满足日常生活中各种卫生要求、收集和排除生活及生产中产生的污废水的设备。卫生器具按其作用可以分为以下几类：

（1）便溺用卫生器具，用来收集排除粪便污水，包括大便器、小便器、大便槽、小便槽等。

（2）盥洗、淋浴用卫生器具，常见的有洗脸盆、浴缸、淋浴器、淋浴间、净身盆、盥洗槽等。

（3）洗涤用卫生器具，有洗涤盆、污水盆等。

（4）其他类卫生器具，如医疗、科学研究实验室等特殊需要的卫生器具。

2.1.3　建筑给排水系统的安装要求

2.1.3.1　管道的布置和敷设

给水管道的布置受建筑结构、用水要求、配水点和室外给水管道的位置，以及供暖、通风、空调和供电等其他建筑设备工程管线布置等因素的影响。建筑内部排水系统的选择和管道布置敷设直接影响着人们的日常生活和生产活动，首先保证排水畅通和室内良好的生活环境，再根据建筑类型、标准、投资等因素，在兼顾其他管道、线路和设备的情况下，进行系统的选择和管道的布置敷设。

给水管道的布置按供水可靠程度要求可分为枝状和环状，前者单向供水，供水安全可靠性差，但节省管材，造价低；后者管道相互连通，双向供水，安全可靠，但管线长、造价高。一般建筑内给水管网宜采用枝状布置。按水平干管的敷设位置又可分为上行下给、下行上给、中分式。

给水管道的敷设有明装、暗装两种形式。明装即管道外露，其优点是安装维修方便，造价低，但外露的管道影响美观，表面易结露、积灰尘，一般用于对卫生、美观没有特殊要求的建筑。暗装即管道隐蔽，如敷设在管道井、技术层、管沟、墙槽或夹壁墙中，直接埋地或埋在楼板的垫层里。

给水横管穿承重墙或基础、立管穿楼板时均应预留孔洞，暗装管道在墙中敷设时，也应预留墙槽，以免临时打洞、刨槽影响建筑结构的强度。

引入管进入建筑内有两种情况，一种是从建筑物的浅基础下通过，另一种是穿越承重墙或基础，敷设方法如图 2.12 所示。

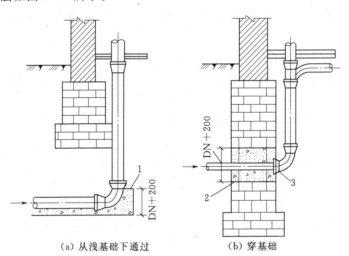

（a）从浅基础下通过　　　　（b）穿基础

图 2.12　引入管进入建筑物
1—C5.5 混凝土支座；2—黏土；3—M5 水泥砂浆封口

在地下水位高的地区，引入管穿地下室外墙或基础时，应采取防水措施，如设防水套管。室外埋地引入管要防止地面活荷载和冰冻的破坏，其管顶覆土厚度不宜小于 0.7m，并应敷设在冰冻线以下 0.15m 处。建筑内埋地管在无活荷载和冰冻影响时，其管顶离地面高度不宜小于 0.3m。

管道在空间敷设时，必须采用固定措施，以保证施工方便和安全供水。固定管道常用的支、托架如图 2.13 所示。给水钢立管一般每层须安装 1 个管卡，当层高大于 5m 时，则每层须安装 2 个，管卡的安装高度应为距地面 1.5～1.8m。

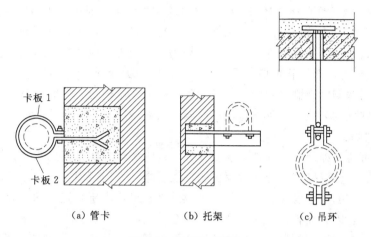

(a) 管卡 (b) 托架 (c) 吊环

图 2.13 支架、托架

钢管水平安装支架最大间距见表 2.1。钢塑复合管采用沟槽连接时，管道支、吊架间距见表 2.2。塑料管及复合管支架间距要求见表 2.3。

表 2.1　　　　　　　　　　　　　　钢 管 支 架 最 大 间 距

管道公称直径（mm）		15	20	25	32	40	50	70	80	100	125	150	200	250	300
支架最大间距（m）	保温管	2	2.5	2.5	2.5	3	3	4	4	4.5	6	7	7	8	8.5
	不保温管	2.5	3	3.25	4	4.5	5	6	6	6.5	7	8	9.5	11	12

表 2.2　　　　　　　　　　　　　钢塑复合管支、吊架最大间距

管道公称直径（mm）	65～100	125～200	250～315
支、吊架最大间距（m）	3.5	4.2	5.0

表 2.3　　　　　　　　　　　　塑料管及复合管支架最大间距

公称直径（mm）		12	14	16	18	20	25	32	40	50	63	75	90	110
支架最大间距（m）	立管	0.5	0.6	0.7	0.8	0.9	1.0	1.1	1.3	1.6	1.8	2.0	2.2	2.4
	水平管	0.4	0.4	0.5	0.5	0.6	0.7	0.8	0.9	1.0	1.1	1.2	1.35	1.55

当给水管道与排水管道或其他管道同沟敷设、共架敷设时，给水管宜敷设在排水管、冷冻管的上面，热水管、蒸汽管的下面。给水管道与其他管道平行或交叉敷设时，管道外壁之间的距离应符合规范的有关要求。

室内冷水管应在热水管下方。给水管道与各种管道之间的净距，应满足安装要求，且不宜小于 0.3m。室内冷、热水管垂直敷设时，冷水管应在热水管的右侧。横干管与墙、地沟的净距不小于 100mm，与梁、柱的净距不小于 50mm。

2.1.3.2　管道防护

1. 防腐

明装和暗装的金属管道都要采取防腐措施，以延长管道的使用寿命。通常的防腐做法是管

道除锈后，在外壁刷涂防腐涂料。铸铁管及大口径钢管管内可采用水泥砂浆衬里防腐。埋地铸铁管宜在管外壁刷冷底子油一遍、石油沥青两道；埋地钢管（包括热镀锌钢管）宜在外壁刷冷底子油一道、石油沥青两道外加保护层（当土壤腐蚀性能较强时可采用加强级或特加强防腐）。

钢塑复合管就是钢管加强内壁防腐性能的一种形式，钢塑复合管埋地敷设时，其外壁防腐同普通钢管；薄壁不锈钢管埋地敷设，宜采用管沟或外壁应有防腐措施（管外加防腐套管或外缚防腐胶带）；薄壁铜管埋地敷设时应在管外加防护套管。

明装的热镀锌钢管应刷银粉两道（卫生间）或调和漆两道；明装铜管应刷防护漆。当管道敷设在有腐蚀性的环境中，管外壁应刷防腐漆或缠绕防腐材料。

2. 防冻、防露

敷设在有可能结冻的房间、地下室及管井、管沟等地方的生活给水管道，为保证冬季安全使用，应有防冻保温措施。金属管保温层厚度根据计算确定但不能小于25mm。在湿热的气候条件下，或在空气湿度较高的房间内敷设给水管道，由于管道内的水温较低，空气中的水分会凝结成水，附着在管道表面，严重时还会产生滴水，这种管道结露现象不但会加速管道的腐蚀，还会影响建筑的使用，如使墙面受潮、粉刷层脱落，影响墙体质量和建筑美观。防结露措施与保温方法相同。

3. 防漏

管道布置不当，或管材质量和施工质量低劣，均能导致管道漏水，不仅浪费水量，影响给水系统正常供水，还会损坏建筑，特别是湿陷性黄土地区，埋地管漏水将会造成土壤湿陷，严重影响建筑基础的稳固性。避免将管道布置在易受外力损坏的位置，或采取必要的保护措施，避免其直接承受外力。健全管理制度，加强管材质量和施工质量的检查监督。在湿陷性黄土地区，可将埋地管道敷设在防水性能良好的检漏管沟内，一旦漏水，水可沿沟排至检漏井内，便于及时发现和检修。管径较小的管道，也可敷设在检漏管内。

4. 防振

当管道中水流速度过大时，启闭水嘴、阀门，易出现水击现象，引起管道、附件的振动，不但会损坏管道附件造成漏水，还会产生噪声。为防止管道的损坏和噪声的影响，设计给水系统时应控制管道的水流速度，在系统中尽量减少使用电磁阀或速闭型水栓。住宅建筑进户管的阀门后（沿水流方向）宜装设家用可曲挠橡胶接头进行隔振，如图2.14和图2.15所示，并可在管支架、吊架内衬垫减振材料（图2.16），以缩小噪声的扩散。

图2.14 电磁阀

图2.15 可曲挠橡胶接头

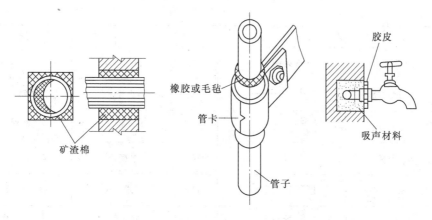

图 2.16 各种管道器材的防噪声措施

2.2 建筑给排水工程施工图识图

2.2.1 建筑给排水施工图常用图例

建筑给排水施工图常用图例见表 2.4～表 2.8。

表 2.4　　　　　　　　　　卫 生 器 具 图 例

序号	名　称	图　例	序号	名　称	图　例
1	水龙头	平面　系统	6	小便器	Ｆ
2	坐式大便器	Ⓐ	7	蹲式大便器	Ⓔ
3	洗脸盆	Ⓑ	8	小便槽	
4	洗涤盆	Ⓒ	9	淋浴喷头	平面　系统
5	浴缸	Ⓓ	10	圆形地漏	平面　系统

表 2.5　　　　　　　　　　阀 门 图 例

序号	名　称	图　例	序号	名　称	图　例
1	闸阀		9	角阀	
2	截止阀		10	自动排气阀	平面　系统
3	碟阀		11	浮球阀	平面　系统
4	球阀		12	液压水位控制阀	
5	单向阀		13	延时自闭冲洗阀	
6	消声单向阀		14	溢流阀	
7	减压阀		15	遥控信号阀	
8	水流指示器	Ⓛ	16	湿式报警阀	平面　系统

表 2.6　　　　　　　　　消 防 设 备 图 例

序号	名 称	图 例	序号	名 称	图 例
1	水表井		7	室外消火栓	
2	直立型闭式喷头	平面　　系统	8	室内消火栓（单口）	平面　　系统
3	下垂型闭式喷头	平面　　系统	9	室内消火栓（双口）	平面　　系统
4	水力警铃		10	水泵接合器	
5	水泵		11	手提式灭火器	▲
6	管道泵		12	压力表	

表 2.7　　　　　　　　　管 道 图 例

序号	名 称	图 例	序号	名 称	图 例
1	给水管	——J——	10	空调凝结水管	——KN——
2	热水给水管	——RJ——	11	通气管	——T——
3	热水回水管	——RH——	12	消火栓给水管	——XH——
4	废水管	——F——	13	自动喷水灭火给水管	——ZP——
5	污水管	——W——	14	管道立管（X—管道类别，L—立管，1—编号）	XL1 平面　XL1 系统
6	雨水管	——Y——			
7	压力污水管	——YW——	15	排水立管（检查井）编号 管内底（井底）标高	WL1(W1) —1.00(—1.50)
8	管径	DN　D　d			
9	坡度	i	16	管长	L

表 2.8　　　　　　　　　其 他 图 例

序号	名 称	图 例	序号	名 称	图 例
1	水表		9	Y形除污器	
2	压力控制器		10	检查口	平面　　系统
3	可曲挠橡胶接头		11	清扫口	平面　　系统
4	防水套管	平面　　系统	12	通气帽	成品　铅丝球
5	减压孔板		13	存水弯	S型　　P型
6	雨水斗	YD- 平面　YD- 系统	14	波纹管	
7	雨水口（单口）		15	潜水泵	
8	检查井阀门井		16	矩形化粪池	HC

2.2.2 建筑给排水施工图图纸组成和识图方法

2.2.2.1 图纸组成

建筑给排水施工图一般由图纸目录、设计说明、平面图、系统图、施工详图等组成。

1. 设计说明

在施工图纸上无法用线型或者符号表示的一些内容，如技术标准、质量要求等具体要求时，就要用文字形式加以说明。说明中交代的有关事项，往往对整套给排水工程图的识图和施工都有着重要影响。建筑给排水施工图设计说明的主要内容如下：

（1）工程概况。

（2）系统的形式，即敷设方式。

（3）选用的管材及连接方式。

（4）用水设备和卫生器具的类型及安装方式。

（5）管路及设备的防腐、保温设计要求。

（6）施工验收应达到的质量要求，施工安装应注意事项等。

（7）图例及主要材料设备表。

（8）其他要说明的问题。

2. 平面图

建筑给排水平面图主要表达给水排水、消防给水管道的平面布置，卫生设备及其他用水设备的位置、房间名称、主要轴线号和尺寸线；给水、排水、消防立管位置及编号；底层平面图中还包括引入管、排出管、水泵接合器等与建筑物的定位尺寸、穿建筑物外墙及基础的标高。

3. 系统图

建筑给排水系统图主要表达建筑楼层标高、层数、室内外建筑平面高差；管道走向、管径、仪表及阀门、控制点标高和管道坡度；各系统编号，立管编号，各楼层卫生设备和工艺用水设备的连接点位置；排水立管上检查口、通气帽的位置及标高。

4. 详图

建筑给排水详图，又称大样图，主要表达设备及管道的平面位置，设备与管道的连接方式，管道走向、管道坡度、管径，仪表及阀门、控制点标高等。常用的卫生器具及设备施工详图可直接套用有关给水排水标准图集。

2.2.2.2 建筑给水排水施工图识读

1. 平面图的识读

（1）首先应阅读设计说明，熟悉图例、符号，明确整个工程给水排水概况、管道材质、连接方式、安装要求等。

（2）给水平面图识读时应按供水方向分系统并分层识读：

1）对照图例、编号、设备材料表明确供水设备的类型、规格数量，明确其在各层安装的平面定位尺寸，同时查清选用标准图号。

2）明确引入管的入口位置，与入口设备水池、水泵的平面连接位置。

3）明确给水干管在各层的走向、管道敷设方式、管道的安装坡度、管道的支承与固定方式。

4）明确给水立管的位置、立管的类型及编号情况，各立管与干管的平面连接关系。

5）明确横支管与用水设备的平面连接关系，明确敷设方式。

（3）排水平面图识读方法同给水平面图，识读时应明确排水设备的平面定位尺寸，明确排出管、立管、横管、器具支管、通气管、地面清扫口的平面定位尺寸，各管道、排水设备的平面连接关系。

2. 系统图的识读

（1）给水系统图的识读从入口处的引入管开始，沿干管、最远立管、最远横支管和用水设备识读，再按立管编号顺序识读各分支系统：

1）引入管的标高，引入管与入口设备的连接高度。

2）干管的走向、安装标高、坡度、管道标高变化。

3）各条立管上连接横支管的安装标高、支管与用水设备的连接高度。

4）明确阀门、调压装置、报警装置、压力表、水表等的类型、规格及安装标高。

（2）排水系统图识读时应明确各类管道的管径，干管及横管的安装坡度与标高；管道与排水设备的连接方法，排水立管上检查口的位置；通气管伸出屋面的高度及通气管口的封闭要求；管道的防腐、涂色要求。

3. 详图的识读

详图识读时可参照以上有关平面图、系统图识读方法进行，但应注意将详图内容与平面图及系统图中的相关内容相互对照，建立系统整体形象。

2.3　建筑给排水工程计量与计价

2.3.1　建筑给排水定额及应用

2.3.1.1　定额的适用范围

安装工程预算定额既有《全国统一安装工程预算定额》，又有各省（自治区、直辖市）根据《全国统一安装工程预算定额》结合本地区的价格编制出的定额，又称"单位估价表"。《全国统一安装工程预算定额》，是在原国家计委（1986 年版）的《全国统一安装工程预算定额》的基础上由建设部组织修订的一套较完整、较适用的标准定额。该定额于 2000 年 3 月 17 日起陆续发布实施，共分 12 册。其中，第八册《给排水、采暖、燃气工程》适用于新建、改建工程中的生活用给水、排水、燃气、采暖热源管道以及附件配件安装、小型容器制作安装。

2.3.1.2　与相关册定额之间的关系

（1）对于工业管道、生产和生活共用的管道、锅炉房和泵类配管以及高层建筑物内加压泵间的管道应使用第六册《工业管道工程》定额的有关项目。

（2）刷油、防腐蚀、保温部分使用第十一册《刷油、防腐蚀、绝热工程》定额的有关项目。

（3）埋地管道的土石方工程及砌筑工程执行建筑工程预算定额。

（4）有关各类泵、风机等传动设备安装执行第一册《机械设备安装工程》定额的有关项目。

（5）锅炉安装执行第三册《热力设备安装工程》定额的有关项目。

（6）压力表、温度计执行第十册《自动化控制仪表安装工程》定额的有关项目。

2. 3. 1. 3 定额系数

定额系数是定额的重要组成部分。引入定额系数是为了使预算定额简明实用，便于操作。

预算定额是在正常施工条件下编制的，而实际施工条件要复杂得多。当实际施工条件与定额条件不符时怎么办？这是必须要解决的问题。如果对各种条件都制定相应的定额，显然是不可能的，不但工作量很大，而且使定额内容更加复杂，使用极其不便，但若留下欠缺，又将给预算计价管理带来许多麻烦。因此，为了既满足工程实际计价的需要，又使定额简明实用、便于操作，我们引入定额系数的概念。

定额系数有子目系数和综合系数两类。子目系数是各章、节中的规定的系数，如定额章说明中的子目基价调整系数，册说明中的工程超高增加费系数、高层建筑增加费系数等均为子目系数。脚手架搭拆费系数、安装与生产同时进行增加费系数、在有害人身健康的环境中施工的增加费系数均是综合系数。

子目系数是综合系数的计算基础。如果某一个工程同时要计取工程超高增加费、高层建筑增加费、脚手架搭拆费用时，则应先计取工程超高增加费、高层建筑增加费，并将其中的人工费纳入脚手架搭拆费的计算基数，再计算脚手架搭拆费。

（1）脚手架搭拆费。脚手架搭拆费等于单位工程全部定额人工费乘以脚手架搭拆费费率，给排水工程脚手架搭拆费按人工费的 5% 计算，其中人工工资占 25%。

（2）设置于管道间、管廊内的管道、阀门、法兰、支架安装，人工费乘以 1.3。

（3）主体结构为现场浇筑、采用钢模板施工的工程，内外浇筑的人工费乘以 1.05，内浇外砌的人工费乘以 1.03。

（4）高层建筑增加费。《全国统一安装工程预算定额》规定给排水工程预算中的高层建筑是指高度在 6 层以上或檐高在 20m 以上的工业和民用建筑。当建筑物高度在 6 层或 20m 以上时，应按表 2.9 计算高层建筑增加费。

表 2.9 给 排 水 工 程 高 层 建 筑 增 加 费

层　　数	9层以下（30m）	12层以下（40m）	15层以下（50m）	18层以下（60m）	21层以下（70m）	24层以下（80m）
按人工费的百分比计/%	2	3	4	6	8	10
层　　数	27层以下（90m）	30层以下（100m）	33层以下（110m）	36层以下（120m）	39层以下（130m）	42层以下（140m）
按人工费的百分比计/%	13	16	19	22	25	28
层　　数	45层以下（150m）	48层以下（160m）	51层以下（170m）	54层以下（180m）	57层以下（190m）	60层以下（200m）
按人工费的百分比计/%	31	34	37	40	43	46

（5）超高增加费。超高增加费是指实际操作高度超过定额考虑的操作高度时计取的费用。给排水定额中操作高度均以 3.6m 为界限，如超过 3.6m 时，按超过 3.6m 部分的定额人工费乘以表 2.10 中的系数计算超高增加费。

表 2.10 超高增加费

标高（m）	3.6～8	3.6～12	3.6～16	3.6～20
超高系数	1.10	1.15	1.20	1.25

2.3.2　建筑给排水清单及应用

《通用安装工程工程量计算规范》（GB 50856—2013）附录 K 为"给排水、采暖、燃气工程"。本书仅介绍给排水部分，特予说明。

1　给排水管道工程（编码：031001）

给排水管道工程量清单项目设置、项目特征描述的内容、计量单位及工程量计算规则，应按表 2.11 的规定执行。

表 2.11 给排水、采暖、燃气管道

项目编码	项目名称	项目特征	计量单位	工程量计算规则	工作内容
031001001	镀锌钢管	1. 安装部位 2. 介质 3. 规格、压力等级 4. 连接形式 5. 压力试验及吹、洗设计要求 6. 警示带形式	m	按设计管道中心线以长度计算	1. 管道安装 2. 管件制作、安装 3. 压力试验 4. 吹扫、冲洗 5. 警示带铺设
031001002	钢管				
031001003	不锈钢管				
031001004	铜管				
031001005	铸铁管	1. 安装部位 2. 介质 3. 材质、规格 4. 连接形式 5. 接口材料 6. 压力试验及吹、洗设计要求 7. 警示带形式			1. 管道安装 2. 管件安装 3. 压力试验 4. 吹扫、冲洗 5. 警示带铺设
031001006	塑料管	1. 安装部位 2. 介质 3. 材质、规格 4. 连接形式 5. 阻火圈设计要求 6. 压力试验及吹、洗设计要求 7. 警示带形式			1. 管道安装 2. 管件安装 3. 塑料卡固定 4. 阻火圈安装 5. 压力试验 6. 吹扫、冲洗 7. 警示带铺设
031001007	复合管	1. 安装部位 2. 介质 3. 材质、规格 4. 连接形式 5. 压力试验及吹、洗设计要求 6. 警示带形式			1. 管道安装 2. 管件安装 3. 塑料卡固定 4. 压力试验 5. 吹扫、冲洗 6. 警示带铺设

项目编码	项目名称	项目特征	计量单位	工程量计算规则	工作内容
031001008	直埋式预制保温管	1. 埋设深度 2. 介质 3. 管道材质、规格 4. 连接形式 5. 接口保温材料 6. 压力试验及吹、洗设计要求 7. 警示带形式	m	按设计管道中心线以长度计算	1. 管道安装 2. 管件安装 3. 接口保温 4. 压力试验 5. 吹扫、冲洗 6. 警示带铺设
031001009	承插陶瓷缸瓦管	1. 埋设深度 2. 规格 3. 接口方式及材料 4. 压力试验及吹、洗设计要求 5. 警示带形式			1. 管道安装 2. 管件安装 3. 压力试验 4. 吹扫、冲洗 5. 警示带铺设
031001010	承插水泥管				
031001011	室外管道碰头	1. 介质 2. 碰头形式 3. 材质、规格 4. 连接形式 5. 防腐、绝热设计要求	处	按设计图示以处计算	1. 挖填工作坑或暖气沟拆除及修复 2. 碰头 3. 接口处防腐 4. 接口处绝热及保护层

注：1. 安装部位，指管道安装在室内、室外。

2. 输送介质包括给水、排水、中水、雨水、热媒体、燃气、空调水等。

3. 方形补偿器制作安装应含在管道安装综合单价中。

4. 铸铁管安装适用于承插铸铁管、球墨铸铁管、柔性抗震铸铁管等。

5. 塑料管安装适用于 UPVC、PVC、PP－C、PP－R、PE、PB 等塑料管材。

6. 复合管安装适用于钢塑复合管、铝塑复合管、钢骨架复合管等复合型管道安装。

7. 直埋保温管包括直埋保温管件安装及接口保温。

8. 排水管道安装包括立管检查口、透气帽。

9. 室外管道碰头：

(1) 适用于新建或扩建工程热源、水源、气源管道与原（旧）有管道碰头。

(2) 室外管道碰头包括挖土做坑、土方回填或暖气沟局部拆除及修复。

(3) 带介质管道碰头包括开关闸、临时防水管线铺设等费用。

(4) 热源管道碰头每处包括供、回水两个接口。

(5) 碰头形式指带介质碰头、不带介质碰头。

10. 管道工程量计算不扣除阀门、管件（包括减压阀、疏水器、水表、伸缩器等组成安装）及附属构筑物所占长度；方形补偿器以其所占长度列入管道安装工程量。

11. 压力试验按设计要求描述试验方法，如水压试验、气压试验、泄露性试验、闭水试验、通球试验、真空试验等。

12. 吹、洗按设计要求描述吹扫、冲洗方法，如水冲洗、消毒冲洗、空气吹扫等。

2 支架及其他（编码：031002）

支架及其他工程量清单项目设置、项目特征描述的内容、计量单位及工程量计算规则，应按表 2.12 的规定执行。

表 2.12 支 架 及 其 他

项目编码	项目名称	项目特征	计量单位	工程量计算规则	工作内容
031002001	管道支架	1. 材质 2. 管架形式	1. kg 2. 套	1. 以 kg 计量，按设计图示质量计算 2. 以套计量，按设计图示数量计算	1. 制作 2. 安装
031002002	设备支架	1. 材质 2. 形式			
031002003	套管	1. 名称、类型 2. 材质 3. 规格 4. 填料材质	个	按设计图示数量计算	1. 制作 2. 安装 3. 除锈、刷油

注：1. 单件支架重量100kg以上的管道支架执行设备支吊架制作安装。
　　2. 成品支架安装执行相应管道支架或设备支架项目，不再计取制作费，支架本身价值含在综合单价中。
　　3. 套管制作安装，适用于穿基础、墙、楼板等部位的防水套管、填料套管、无填料套管及防火套管等，应分别列项。

3 管道附件（编码：031003）

管道附件工程量清单项目设置、项目特征描述的内容、计量单位及工程量计算规则，应按表2.13的规定执行。

表 2.13 管 道 附 件

项目编码	项目名称	项目特征	计量单位	工程量计算规则	工作内容
031003001	螺纹阀门	1. 类型 2. 材质 3. 规格、压力等级 4. 连接形式 5. 焊接方法	个		1. 安装 2. 电气接线 3. 调试
031003002	螺纹法兰阀门				
031003003	焊接法兰阀门				
031003004	带短管甲乙阀门	1. 材质 2. 规格、压力等级 3. 连接形式 4. 接口方式及材质			
031003005	塑料阀门	1. 规格 2. 连接形式		按设计图示数量计算	1. 安装 2. 调试
031003006	减压器	1. 材质 2. 规格、压力等级 3. 连接形式 4. 附件配置	组		组装
031003007	疏水器				
031003008	除污器（过滤器）	1. 材质 2. 规格、压力等级 3. 连接形式			安装
031003009	补偿器	1. 类型 2. 材质 3. 规格、压力等级 4. 连接形式	个		
031003010	软接头（软管）	1. 材质 2. 规格 3. 连接形式	个 （组）		

项目编码	项目名称	项目特征	计量单位	工程量计算规则	工作内容
031003011	法兰	1. 材质 2. 规格、压力等级 3. 连接形式	副（片）	按设计图示数量计算	安装
031003012	倒流防止器	1. 材质 2. 型号、规格 3. 连接形式	套		
031003013	水表	1. 安装部位（室内外） 2. 型号、规格 3. 连接形式 4. 附件配置	组（个）	按设计图示数量计算	组装
031003014	热量表	1. 类型 2. 型号、规格 3. 连接形式	块		
031003015	塑料排水管消声器	1. 规格 2. 连接形式	个		安装
031003016	浮标液面计		组		
031003017	浮标水位标尺	1. 用途 2. 规格	套		

4 卫生器具（编码：031004）

管道附件工程量清单项目设置、项目特征描述的内容、计量单位及工程量计算规则，应按表 2.14 的规定执行。

表 2.14 卫 生 器 具

项目编码	项目名称	项目特征	计量单位	工程量计算规则	工作内容
031004001	浴缸	1. 材质 2. 规格、类型 3. 组装形式 4. 附件名称、数量	组	按设计图示数量计算	1. 器具安装 2. 附件安装
031004002	净身盆				
031004003	洗脸盆				
031004004	洗涤盆				
031004005	化验盆				
031004006	大便器				
031004007	小便器				
031004008	其他成品卫生器具				
031004009	烘手器	1. 材质 2. 规格、类型	个		安装
031004010	淋浴器	1. 材质、规格 2. 组装形式 3. 附件名称、数量	套		1. 器具安装 2. 附件安装
031004011	淋浴间				
031004012	桑拿浴房				

续表

项目编码	项目名称	项目特征	计量单位	工程量计算规则	工作内容
031004013	大、小便槽自动冲洗水箱	1. 材质、类型 2. 规格 3. 水箱配件 4. 支架形式及做法 5. 器具及支架除锈、刷油设计要求	套	按设计图示数量计算	1. 制作 2. 安装 3. 支架制作、安装 4. 除锈、刷油
031004014	给排水附（配件）	1. 材质 2. 型号、规格 3. 安装方式	个（组）		安装
031004015	小便槽冲洗管	1. 材质 2. 规格	m	按设计图示长度计算	1. 制作 2. 安装
031004016	蒸汽-水加热器	1. 类型 2. 型号、规格 3. 安装方式	套	按设计图示数量计算	
031004017	冷热水混合器				
031004018	饮水器				
031004019	隔油器	1. 类型 2. 型号、规格 3. 安装部位			

注：1. 成品卫生器具项目中的附件安装，主要指给水附件包括水嘴、阀门、喷头等，排水配件包括存水弯、排水栓、下水口等以及配备的连接管。

2. 浴缸支座和浴缸周边的砌砖、瓷砖粘贴，应按《房屋建筑与装饰工程工程量计算规范》（GB 50854—2013）相关项目编码列项；功能性浴缸不含电机接线和调试，应按 GB 50856—2013 附录 D "电气设备安装工程" 相关项目编码列项。

3. 洗脸盆适用于洗脸盆、洗发盆、洗手盆安装。

4. 器具安装中若采用混凝土或砖基础，应按《房屋建筑与装饰工程工程量计算规范》（GB 50854—2013）相关项目编码列项。

5. 给、排水附（配）件是指独立安装的水嘴、地漏、地面扫除口等。

2.3.3　建筑给排水工程计量与计价方法

2.3.3.1　室内管道工程

1. 给排水管道界线划分

（1）给水管道：

1）室内管道与室外管道的划分，是以建筑物外墙皮以外 1.5m 为界，入口处设阀门者以阀门为界。

2）室外管道与市政管道的划分，是以水表井为界，如无水表井，以与市政管道碰头点为界。

（2）排水管道：

1）室内管道与室外管道的划分，是以出户的第一个排水检查井为界。

2）室外管道与市政管道的划分，是以室外管道与市政管道碰头点为界。

由以上的划分规定，把给排水工程划分为三部分：室内给排水工程、室外给排水工程、市政给排水工程。由于市政给排水工程属于市政工程的范围，本课程不涉及，下面围绕室内外给排水工程计量与计价进行讲解。

2. 室内给水管道安装工程量计算及定额应用

（1）工程量计算规则。室内给水管道安装工程量均应区分不同材质、连接方式、接头材料（铸铁管）、公称直径，分别按施工图所示管道中心线长度以"m"为单位计算，不扣除阀门及管件（包括减压器、疏水器、水表、伸缩器等组成安装）所占的长度。

管道长度的确定：水平敷设管道，以施工平面图所示管道中心线尺寸计算；垂直安装管道，按系统轴测图与标高尺寸配合计算。

（2）定额已包括以下工作内容：

1）管道及接头零件安装。

2）水压试验或灌水试验。

3）室内 DN32 以内（包括 DN32）的钢管包括了管卡及挂钩制作安装。

4）钢管包括弯管制作安装（伸缩器除外）。

5）穿墙及过楼板铁皮套管安装人工。

（3）定额中不包括以下工作内容，应另行计算：

1）室内外管道沟土方及管道基础，应执行土建工程预算定额。

2）管道安装中不包括法兰、阀门及伸缩器的制作安装，应按相应定额子目另计。

3）室内外给水铸铁管安装，包括接头零件所需人工，但接头零件价格另计。

4）DN32 以上的钢管支架按管道支架另计。

5）过楼板的钢套管的制作、安装，按室外钢管（焊接）项目计算。

3. 室内排水管道安装工程量计算及定额应用

（1）工程量计算规则。管道安装工程量区分不同材质、连接方式、公称直径、接头材料分别以"m"计算，不扣除管件所占长度。

（2）室内排水管道预算定额套用：

1）铸铁排水管、雨水管及塑料排水管均包括管卡及托吊支架、臭气帽、雨水漏斗制作安装。室内外雨水铸铁管包括接头零件所需人工，但接头零件价格另计。

2）在排水管道安装定额子目中，铸铁管项目中铸铁管为未计价材料，在塑料管项目中塑料管及管件均为未计价材料，编制预算时应注意区分。

2.3.3.2　室外管道工程

1. 室外给水管道安装

按施工图所示管道中心线长度，以"m"计量，不扣除阀门、管件所占长度。

2. 室外给水管道栓类、阀门、水表的安装

（1）阀门安装以螺纹、法兰连接分类，按直径大小分档次，以"个"计算。法兰盘安装以"副"计算。

（2）水表安装计量同室内给水管道水表安装。

（3）管道消毒、冲洗，同室内给水管道安装。

（4）管道土石方工程量计算，同室内管道。

3. 室外排水管道工程量计算

（1）以施工平面图和纵断面图所示管道中心线尺寸计算，以"m"计量，不扣除窨井、管道连接件所占长度。

（2）室外混凝土及钢筋混凝土排水管道安装，按土建定额规定计算及套用定额。

（3）检查井、污水池、化粪池等构筑物，按土建定额规定计算及套用定额。

2.3.3.3 套管的制作安装

（1）穿墙及过楼板的镀锌铁皮套管的制作，按管道公称直径以"个"计算，分别套用相应定额子目。

（2）钢套管按设计长度以"m"计，套用相应室外钢管（焊接）安装定额。

（3）入户管在穿越地下室等外墙时，要设置防水套管，根据不同的防水要求分为刚性、柔性两种。刚性防水套管在一般防水要求时使用，柔性防水套管在防水要求较高时使用，如水池壁、与水泵连接处等。

1）定额单位：个。

2）规格：按被套管的管径确定，套用第六册《工业管道工程》的相关项目。

2.3.3.4 管道支架的制作安装

不同材质的管道，需要不同的支架支撑，钢管需要型钢支架，塑料管需要塑料管夹，工程量计算也不同。

1. 型钢支架

（1）定额单位：100kg。

（2）计算：分步进行，先统计不同规格的支架数量，再根据标准图集计算每个支架的重量，最后计算总重量。

第一步：统计支架数量。管道支架按安装形式分，一般有立管支架、水平管支架、吊架。

1）立管支架数量的确定，分不同管径计算，楼层层高不大于4m时，每层设一个；楼层层高大于4m时，每层不得少于两个。

2）水平管支架数量的确定，分不同管径计算：

$$支架数量 = \frac{某规格管子的长度}{该管子的最大支架间距}$$

3）管道吊架。单管吊架数量，同水平管支架数量的计算公式。

第二步：重量计算。根据标准图集的具体要求，计算每个规格支架的单个重量，乘以支架数量，再求和计算总重量。实际工作时一定要根据最新的标准图集及施工图纸的具体要求认真计算单个重量。支架的单个重量可参照国家建筑标准图集03S402《室内管道支架及吊架》，图2.17为沿墙安装托钩式托架图。

【例2.1】 某住宅给水工程，镀锌钢管DN15工程量为100m，DN20工程量为150m，DN25工程量为150m，DN32工程量为200m，均不保温，DN40的水平长度为135m，其中需保温部分为90m，立管穿3个层高（按不保温考虑）；DN50的水平长度为220m，其中需保温部分为120m，立管穿4个层高（按不保温考虑）。计算管道支架制作、安装工程量。

【解】 因为室内DN32mm及以内给水、采暖管道均已包括管卡及托钩制作安装，所以计算管道支架制作、安装工程量时不考虑DN15～DN32的管。

第一步：统计支架数量。

（1）立管支架数量：DN40，3个；DN50，4个。

（2）水平支架数量：DN40保温的个数，90÷3＝30（个）；非保温的个数，45÷4.5＝10（个）。DN50保温的个数，120÷3＝40（个）；非保温的个数：100÷5＝20（个）。

第二步：查标准图集03S402得立支架单个重量。DN40，0.23kg/个；DN50，0.25kg/

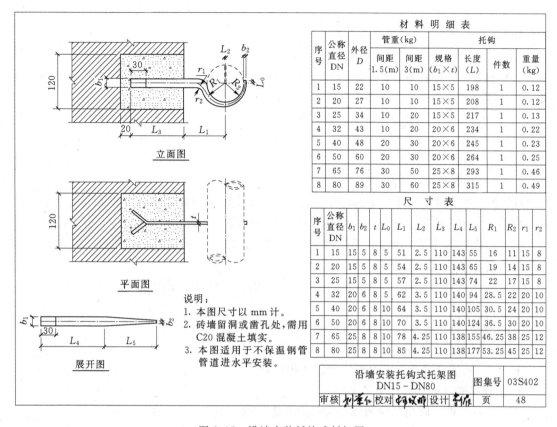

材料明细表

序号	公称直径DN	外径D	管重(kg) 间距1.5(m)	管重(kg) 间距3(m)	托钩 规格(b₁×t)	托钩 长度(L)	托钩 件数	托钩 重量(kg)
1	15	22	10	10	15×5	198	1	0.12
2	20	27	10	10	15×5	208	1	0.12
3	25	34	10	20	15×5	217	1	0.13
4	32	43	10	20	20×6	234	1	0.22
5	40	48	20	30	20×6	245	1	0.23
6	50	60	20	30	20×6	264	1	0.25
7	65	76	30	50	25×8	293	1	0.46
8	80	89	30	60	25×8	315	1	0.49

尺 寸 表

序号	公称直径DN	b_1	b_2	t	L_0	L_1	L_2	L_3	L_4	L_5	R_1	R_2	r_1	r_2
1	15	15	5	5	8	51	2.5	110	143	55	16	11	15	8
2	20	15	5	5	8	54	2.5	110	143	65	19	14	15	8
3	25	15	5	5	8	57	2.5	110	143	74	22	17	15	8
4	32	20	6	6	8	62	3.5	110	140	94	28.5	22	20	10
5	40	20	6	8	10	64	3.5	110	140	105	30.5	24	20	10
6	50	20	6	8	10	70	3.5	110	124	116	36.5	30	20	10
7	65	25	8	8	10	78	4.25	110	138	155	46.25	38	25	12
8	80	25	8	8	10	85	4.25	110	138	177	53.25	45	25	12

说明：
1. 本图尺寸以 mm 计。
2. 砖墙留洞或凿孔处，需用 C20 混凝土填实。
3. 本图适用于不保温钢管管道进水平安装。

沿墙安装托钩式托架图 DN15－DN80		图集号	03S402
审核 刘莲化 校对 郭汉卿 设计 李伟		页	48

图 2.17　沿墙安装托钩式托架图

个；DN40 水平支架，保温 1.471kg/个，非保温 1.1kg/个；DN50 水平支架，保温 1.512kg/个、非保温 1.14kg/个。

重量＝0.23×3＋0.25×4＋1.471×30＋1.1×10＋1.512×40＋1.14×20＝140.1(kg)

2. 塑料管管夹
（1）定额单位：个。
（2）计算：按不同管径分别计算数量，再汇总。

立管夹数量＝层高或垂直长度÷立管最大间距数值

水平管夹数量＝管子水平长度÷水平管最大间距数值

2.3.3.5　法兰安装

法兰安装应区分不同材质（铸铁、碳钢）、连接方式（丝接、焊接）、直径大小，分别以"副"为单位计算，法兰为未计价材料。

2.3.3.6　管道伸缩器制作安装

伸缩器应按不同类型分别以"个"计，除方形伸缩器项目外，伸缩器为未计价材料。

2.3.3.7　室内给水管的消毒、冲洗

管道消毒、冲洗区分不同直径，按管道长度（不扣除阀门、管件所占长度）分别以"m"为单位计算。

2.3.3.8　管道压力试验

给排水定额已含一次管道压力试验，不需要再套管道压力试验。如果超过一遍，可以再

套管道压力试验。

2.3.3.9　管道除锈工程量计算及定额应用

1. 工程量计算

(1) 钢管除锈工程量计算。钢管除锈工程量按管道展开面积以"m²"为单位计算工程量，其计算公式为

$$S = \pi D L$$

式中　S——管外壁展开面积，mm²；

　　　D——钢管外径，mm；

　　　L——钢管长度，m。

DN32 以上管道，内外壁除锈时分别计算；DN32 以下定额包括内外壁除锈工程量。定额套用第十一册《刷油、防腐蚀、绝热工程》定额相应子目。

(2) 铸铁管道除锈工程量计算。铸铁管道除锈工程量按管道展开面积以"m²"为单位计算工程量，其计算公式为

$$F = 1.2 \pi D L \quad 或 \quad F = \pi D L + 承口展开面积$$

式中　F——管外壁展开面积，mm²；

　　　L——管道长度（计算的管道安装工程量），m；

　　　D——管外径，mm；

　　　1.2——承插管道承头（大头）增加面积系数。

2. 除锈工程量计算应注意的事项

(1) 各种管件、阀门的除锈已综合考虑在定额内，不得另行计算。

(2) 除微锈（氧化皮完全紧附，仅有少量锈点）按轻锈定额的人工、材料、机械乘以系数 0.2 计算。

(3) 对于设计没有明确提出除锈级别要求的一般工业及民用建筑工程，其除锈应按人工除轻锈有关子目计算。

2.3.3.10　管道刷油工程量计算

(1) 管道表面刷油应区分油漆涂料的不同种类和涂刷（喷）遍数，分别以"m²"为单位计算，钢管、铸铁管刷油表面积计算公式同管道除锈。定额套用第十一册定额相关子目。

(2) 管道刷油工程量计算注意事项：①各种管件、阀门的刷油已综合考虑在定额内，不得另计；②同一种油漆刷三遍时，第三遍套用第二遍的定额子目；③刷油工程定额项目是按安装地点就地刷（喷）油漆编制的，如安装前集中刷油时，人工费乘以系数 0.7 计算。

2.3.3.11　土方及基础

管道沟及管道基础，应按建筑工程预算定额的规定计算。

2.3.3.12　阀门安装工程量计算及定额应用

(1) 阀门安装工程量计算。各种阀门安装工程量应按其不同类别、规格型号、公称直径和连接方式，分别以"个"为单位计算。阀门为未计价材料。

(2) 预算定额套用。螺纹阀门安装适用于各种内外螺纹连接的阀门安装。法兰阀门安装适用于各种法兰阀门的安装，如仅为一侧法兰连接时，定额中的法兰、带帽螺纹及钢垫圈数量减半。各种法兰连接用垫片均按橡胶石棉板计算，如用其他材料，不做调整。

2.3.3.13　水表组成与安装工程量计算及定额应用

水表是一种计量建筑物或设备用水量的仪表，根据连接方式及管道直径不同分为螺纹水表（DN≤40）及法兰水表（DN≥50）两种，如图2.18所示。

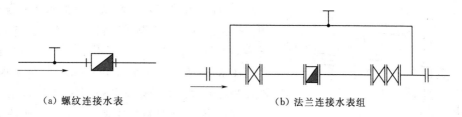

（a）螺纹连接水表　　　　　（b）法兰连接水表组

图2.18　水表

螺纹水表按公称直径的不同，以"组"为单位计算；焊接法兰水表（带旁通管及止回阀）按公称直径不同，以"组"为单位进行计算。

预算定额套用。法兰水表安装是按 S145《全国通用给水排水标准图集》编制的，定额内包括旁通管及止回阀，如实际安装形式与此不同时，阀门可按实调整，其余不变。

2.3.3.14　卫生器具制作与安装

卫生器具的种类和规格繁多，有盆类、水龙头（喷头）类、便器类、排水口类、开（热）水器具等。

（1）浴盆安装。浴盆按材质可分为铸铁搪瓷、陶瓷、玻璃钢、塑料等，外形尺寸又有大小之分，按安装形式又可分为自带支撑和砖砌支撑，按使用情况又可分为不带淋浴器、带固定淋浴器、带活动淋浴器等几种形式。工程量计算时根据浴盆材质及供水种类（冷水、冷热水、冷热水带喷头）等情况以"组"为单位计算。安装范围，给水是水平管与支管交接处，排水是存水弯处，如图2.19所示。

（2）洗脸盆安装。根据接管种类（钢管、铜管）、开启方式（普通开关、肘式开关、脚踏开关）、供水种类（冷水、冷热水）不同，分别以"组"为单位计算；安装范围同浴盆，具体安装范围如图2.20所示。

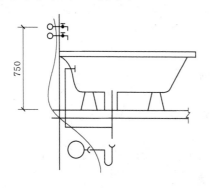
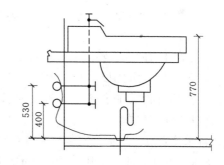

图2.19　浴盆安装范围（单位：mm）　　　图2.20　洗脸盆安装范围（单位：mm）

（3）洗涤盆安装。洗涤盆安装，根据洗涤盆规格（单嘴、双嘴）、开启方式（肘式开关、脚踏开关、鹅颈水嘴）不同，分别以"组"为单位计算；安装范围同洗脸盆。

（4）淋浴器组成与安装。按材质（钢管、铜管）、供水种类（冷水、冷热水）不同，分别以"组"为单位计算。安装范围为水平管与支管交接处，如图2.21所示。

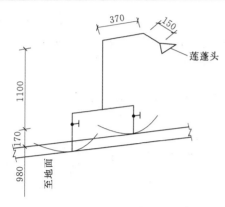

图 2.21　淋浴器安装范围（单位：mm）

（5）水龙头安装。水龙头安装按公称直径，以"个"为单位计算。

（6）大便器安装。大便器安装按其型式（蹲式、坐式）、冲洗方式（瓷高水箱、瓷低水箱、普通冲洗阀、手压阀冲洗、脚踏阀冲洗、自闭冲洗阀）、接管材料等不同，以"套"为单位计算。安装范围：给水是在水平管与支管交接处；排水是在存水弯处。坐式及蹲式大便器具体安装范围如图 2.22 所示。

（7）小便器安装。根据其型式（挂斗式、立式）、冲洗方式（普通冲洗、自动冲洗）、联数（一联、二联、三联）不同，分别以"套"为单位计算。

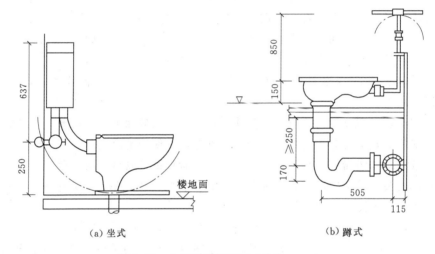

（a）坐式　　　　　　　　　　（b）蹲式

图 2.22　大便器安装范围（单位：mm）

安装范围为水平管与支管交接处。挂式小便器具体安装范围如图 2.23 所示。

（8）大便槽自动冲洗水箱安装。按冲洗水箱的容积（40～108L）不同，分别以"套"为单位计算。

（9）小便槽自动冲洗水箱安装。按冲洗水箱的容积（8.4～25.9L）不同，分别以"套"为单位计算。

（10）小便槽冲洗管制作安装。冲洗管按公称直径不同，分别以"m"为单位计算。

（11）排水栓安装。排水栓安装根据带存水弯与不带存水弯、公称直径的不同，分别以"组"为单位计算。

（12）地漏、地面扫除口安装。地漏、地面扫除口安装根据其公称直径的不同，分别以"个"为单位计算。

成组安装的卫生器具，定额均已按标准图集计算了给水、排水管道连接的人工和材料。浴盆安装适用于各

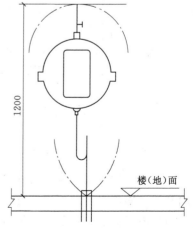

图 2.23　小便器安装范围（单位：mm）

种型号的浴盆，但浴盆支座和浴盆周边的砌砖和瓷砖贴面应另行计算。洗脸盆适用于各种型号，其肘式开关安装，不分单、双把，均执行同一项目。脚踏开关安装包括弯管和喷头的安装人工和材料。淋浴器铜制品安装适用于各种成品沐浴器安装。大、小便槽水箱托架安装已按标准图计算在定额内，不得另行计算。高（无）水箱蹲式大便器、低水箱坐式大便器安装、适用于各种型号。小便槽冲洗管制作与安装定额内不包括阀门安装，可按相应项目另行计算。

（13）小型容器制作安装工程量计算及定额套用。

1）钢板水箱制作，按施工图所示尺寸，不扣除人孔、手孔重量，以"kg"为单位计算。法兰和短管水位另计。

2）钢板水箱安装按总容量（m³）不同以"个"为单位计算。

3）各种水箱连接管均未包括在定额内，可按室内管道安装的相应项目执行。

4）各类水箱均未包括支架制作安装，如为钢支架则执行第八册"一般管道支架"项目，混凝土或砖支座可按土建相应项目执行。

2.3.4 建筑给排水工程计量与计价案例分析

【例 2.2】 某工程为某办公楼局部卫生间给排水系统，图 2.24 为该工程的给水工程平面图，图 2.25 为给水工程系统图，图 2.26 为该工程的排水工程平面图，图 2.27 为排水工程系统图。

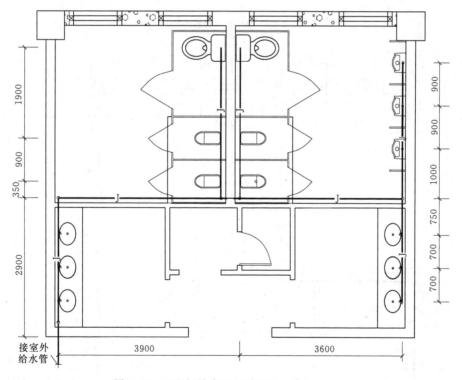

图 2.24 卫生间给水工程平面图（单位：mm）

（1）该工程给水管道采用钢塑复合管，螺纹连接，外刷两道银粉；排水管道采用 U-PVC 塑料管，粘接。

（2）给水工程中阀门为截止阀，螺纹连接。

（3）入户管穿基础位置设柔性防水套管。

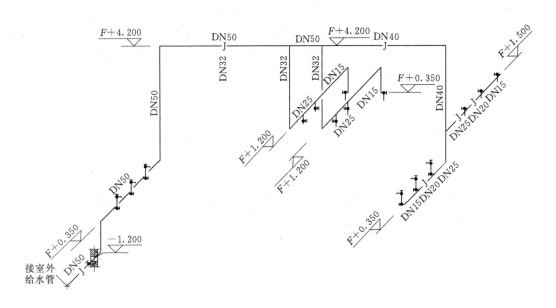

图 2.25　卫生间给水工程系统图

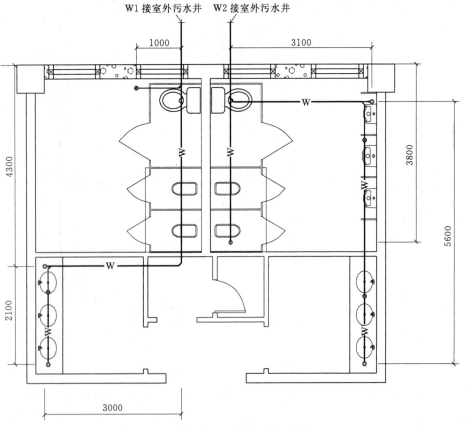

图 2.26　卫生间排水工程平面图（单位：mm）

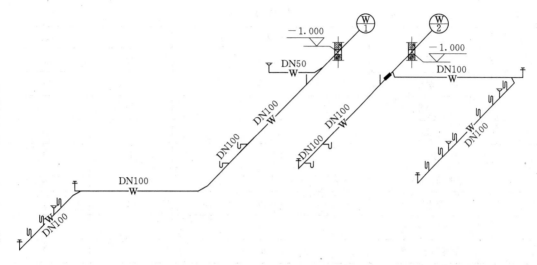

图 2.27 卫生间排水工程系统图

（4）给水管道和排水管道均算至出户 1.5m 处。

（5）排水管道与卫生洁具的连接管长度均按 1m 计算。大便器和地面清扫口的连接管管径为 DN100，其余卫生洁具与排水管的连接管管径均为 DN50，小便器采用立式自闭式小便器，坐便器采用连体式坐便器，洗脸盆采用台式洗脸盆。

（6）管道支架按 1.2kg/m 计算，外刷两道防锈漆。

（7）该工程措施费用只计取安全文明施工费，其他费用暂不计取。

试计算该局部卫生间给排水系统工程量，并编制分部分项工程量清单、计算工程造价。

表 2.15～表 2.38 为计量与计价相关材料、项目及计算表。

表 2.15   **工 程 量 计 算 表**

序号	项 目 名 称	计　算　式	单位	数量
1	给水系统			
1.1	给水管道 DN50	$1.5+2.9+(1.2+0.35)+(4.2-0.35)+3.9$	m	13.7
1.2	给水管道 DN40	$3.6+(4.2-1.5)$	m	6.3
1.3	给水管道 DN32	$(4.2-1.2)\times2+0.35+0.35$	m	6.7
1.4	给水管道 DN25	$0.9+0.9+1+0.75+(1.5-0.35)$	m	4.7
1.5	给水管道 DN20	$0.9+0.7$	m	1.6
1.6	给水管道 DN15	$1.9+1.9+(1.2-0.35)\times2+0.9+0.7$	m	7.1
1.7	管道支架	$(13.7+6.3)\times1.2$	kg	24
1.8	管道刷漆	$3.14\times(0.05\times13.7+0.04\times6.3+0.032\times6.7$ $+0.025\times4.7+0.02\times1.6+0.015\times7.1)$	m²	4.42
2	排水系统			
2.1	U－PVC 排水管 W1－DN100	$1.5+4.3+3+2.1+1\times5$	m	15.9
2.2	U－PVC 排水管 W1－DN50	$1+1\times5$	m	6
2.3	U－PVC 排水管 W2－DN100	$1.5+3.8+3.1+5.6+1\times6$	m	20
2.4	U－PVC 排水管 W2－DN50	1×8	m	8

表 2.16　主要材料表

序号	名　称	型号及规格	单位	数量
1	坐便器	连体式	套	2
2	蹲便器	自闭式	套	4
3	小便器	立式	套	3
4	洗脸盆	台式	套	6
5	地漏	DN50	个	4
6	地面清扫口	DN100	个	4
7	截止阀	DN50	个	1
8	柔性防水套管	DN50	个	1
9	柔性防水套管	DN100	个	2

表 2.17　工程量汇总表

序号	名　称	规格型号	单位	数量
1	镀锌钢管	DN50	m	13.7
2	镀锌钢管	DN40	m	6.3
3	镀锌钢管	DN32	m	6.7
4	镀锌钢管	DN25	m	4.7
5	镀锌钢管	DN20	m	1.6
6	镀锌钢管	DN15	m	7.1
7	U-PVC 排水管	DN100	m	35.9
8	U-PVC 排水管	DN50	m	14
9	坐便器	连体式	套	2
10	蹲便器	自闭式	套	4
11	小便器	立式	套	3
12	洗脸盆	台式	套	6
13	地漏	DN50	个	4
14	地面清扫口	DN100	个	4
15	截止阀	DN50	个	1
16	柔性防水套管	DN50	个	1
17	柔性防水套管	DN100	个	2
18	管道支架		kg	24
19	支架刷漆		kg	24
20	管道刷漆		m²	4.419

表 2.18   **分部分项工程和单价措施项目清单与计价表**

序号	子目编码	子目名称	子目特征描述	计量单位	工程量	综合单价	合价	其中：暂估价
						金额（元）		
1	031001001001	镀锌钢管	1. 安装部位：室内 2. 介质：给水 3. 规格、压力等级：DN50 4. 连接形式：螺纹连接 5. 压力试验及吹、洗设计要求	m	13.7	83.98	1150.53	
2	031001001002	镀锌钢管	1. 安装部位：室内 2. 介质：给水 3. 规格、压力等级：DN40 4. 连接形式：螺纹连接 5. 压力试验及吹、洗设计要求	m	6.3	75.75	477.23	
3	031001001003	镀锌钢管	1. 安装部位：室内 2. 介质：给水 3. 规格、压力等级：DN32 4. 连接形式：螺纹连接 5. 压力试验及吹、洗设计要求	m	6.7	65.69	440.12	
4	031001001004	镀锌钢管	1. 安装部位：室内 2. 介质：给水 3. 规格、压力等级：DN25 4. 连接形式：螺纹连接 5. 压力试验及吹、洗设计要求	m	4.7	61.85	290.7	
5	031001001005	镀锌钢管	1. 安装部位：室内 2. 介质：给水 3. 规格、压力等级：DN20 4. 连接形式：螺纹连接 5. 压力试验及吹、洗设计要求	m	1.6	51.6	82.56	
6	031001001006	镀锌钢管	1. 安装部位：室内 2. 介质：给水 3. 规格、压力等级：DN15 4. 连接形式：螺纹连接 5. 压力试验及吹、洗设计要求	m	7.1	49.43	350.95	
7	031001006001	塑料管	1. 安装部位：室内 2. 介质：污水 3. 材质、规格：DN100 4. 连接形式：粘接	m	35.9	89.56	3215.2	

续表

序号	子目编码	子目名称	子目特征描述	计量单位	工程量	金额（元）		其中：暂估价
						综合单价	合价	
8	031001006002	塑料管	1. 安装部位：室内 2. 介质：污水 3. 材质、规格：DN50 4. 连接形式：粘接	m	14	43.65	611.1	
9	031004006001	大便器	1. 材质：陶瓷 2. 规格、类型：连体式	组	2	318.31	636.62	
10	031004006002	大便器	1. 材质：陶瓷 2. 规格、类型：自闭式	组	4	268.36	1073.44	
11	031004007001	小便器	1. 材质：陶瓷 2. 规格、类型：立式自闭式	组	3	373.54	1120.62	
12	031004003001	洗脸盆	1. 材质：陶瓷 2. 规格、类型：台式	组	6	446.2	2677.2	
13	031004014001	地漏	1. 材质：塑料 2. 型号、规格：DN50	个	4	55.2	220.8	
14	031004014002	地面清扫口	1. 材质：塑料 2. 型号、规格：DN100	个	4	65.1	260.4	
15	031003001001	螺纹阀门	1. 类型：截止阀 2. 材质：铜 3. 规格、压力等级：DN50 4. 连接形式：螺纹连接	个	1	121.81	121.81	
16	031002003001	套管	1. 名称、类型：柔性防水套管 2. 规格：DN50	个	1	471.24	471.24	
17	031002003002	套管	1. 名称、类型：柔性防水套管 2. 规格：DN100	个	2	739.28	1478.56	
18	031002001001	管道支架		kg	24	21.16	507.84	
19	031201003001	金属结构刷油	1. 油漆品种：防锈漆 2. 涂刷遍数、漆膜厚度：两遍	kg	24	0.74	17.76	
20	031201001001	管道刷油	1. 油漆品种：银粉漆 2. 涂刷遍数、漆膜厚度：二遍	m²	4.42	12.19	53.88	
		分部小计					15258.56	
合　　计							15258.56	

表 2.19 总价措施项目清单与计价表

序号	项目编码	子目名称	计算基础	费率（%）	金额（元）	备注
1	031302001001	安全文明施工			725.94	
2	1.1	环境保护	分部分项人工费	3.07	102.04	
3	1.2	文明施工	分部分项人工费	6.69	222.37	
4	1.3	安全施工	分部分项人工费	7.47	248.30	
5	1.4	临时设施	分部分项人工费	4.61	153.23	
6	031302002001	夜间施工增加				
7	031302003001	非夜间施工增加				
8	031302004001	二次搬运				
9	031302005001	冬雨季施工增加				
10	031302006001	已完工程及设备保护				
合 计					725.94	

表 2.20 规费、税金项目计价表

序号	项目名称	计 算 基 础	计算基数（元）	费率（%）	金额（元）
1	规费	社会保险费＋住房公积金费	590.29		590.29
1.1	社会保险费	其中:人工费＋其中:人工费＋其中:计日工人工费	3024.03	14.23	430.32
1.2	住房公积金费	其中:人工费＋其中:人工费＋其中:计日工人工费	3024.03	5.29	159.97
2	税金	分部分项工程费＋措施项目费＋其中:总承包服务费＋其中:计日工＋规费	16574.79	3.48	576.80
合 计					1167.09

表 2.21 单位工程招标控制价汇总表

序号	汇 总 内 容	金额（元）	其中：暂估价（元）
1	分部分项工程	15258.56	
2	措施项目	725.94	
2.1	其中：安全文明施工费	725.94	
3	其他项目	0	
3.1	其中：暂列金额（不包括计日工）	0	
3.2	其中：专业工程暂估价	0	
3.3	其中：计日工	0	
3.4	其中：总承包服务费	0	
4	规费	590.29	
5	税金	576.80	
投标报价合计＝1＋2＋3＋4＋5		17151.59	0

表 2.22

综合单价分析表 (1)

子目编码	031001001001	子目名称	镀锌钢管	计量单位	m	工程量	13.7

清单综合单价组成明细

定额编号	定额子目名称	定额单位	数量	单价（元）					合价（元）				
				人工费	材料费	机械费	企业管理费	利润	人工费	材料费	机械费	企业管理费	利润
2-6	室内镀锌钢管（螺纹连接）公称直径 50mm 以内	m	1	24.87	32.14	1.48	15.07	9.59	24.87	32.14	1.48	15.07	9.59
4-87	管道消毒冲洗 公称直径 50mm 以内	100m	0.01	38.88	0.35	5.11	23.57	14.99	0.39	0	0.05	0.24	0.15
人工单价		小　计		25.26	32.14	1.53	15.31	9.74					
综合工日：78.7 元/工日		未计价材料费					0						
		清单子目综合单价						83.98					

材料费明细	主要材料名称、规格、型号	单位	数量	单价（元）	合价（元）	暂估单价（元）	暂估合价（元）
	镀锌钢管 50	m	1.02	24.7	25.19	—	—
		元	1.1801	1	1.18	—	—
	其他材料费			—	5.77		0
	材料费小计			—	32.14		0

表 2.23

综合单价分析表（2）

子目编码	031001001002	子目名称	镀锌钢管	计量单位	m	工程量	6.3

清单综合单价组成明细

定额编号	定额子目名称	定额单位	数量	单价（元）					合价（元）				
				人工费	材料费	机械费	企业管理费	利润	人工费	材料费	机械费	企业管理费	利润
2－5	室内镀锌钢管（螺纹连接）公称直径40mm以内	m	1	24.4	24.86	1.46	14.79	9.41	24.4	24.86	1.46	14.79	9.41
4－87	管道消毒冲洗 公称直径50mm以内	100m	0.01	38.88	0.35	5.11	23.57	14.99	0.39	0	0.05	0.24	0.15
人工单价			小　计						24.79	24.86	1.51	15.03	9.56
综合工日：78.7元/工日			未计价材料费										
			清单子目综合单价						75.75				

材料费明细	主要材料名称、规格、型号	单位	数量	单价（元）	合价（元）	暂估单价（元）	暂估合价（元）
		元	0.9801	1	0.98	—	0
	镀锌钢管 40	m	1.02	19.4	19.79	—	0
	其他材料费				4.09		
	材料费小计				24.86		

表 2.24

综合单价分析表 (3)

子目编码	03100100600 1	子目名称	塑料管		计量单位	m	工程量	35.9

清单综合单价组成明细

定额编号	定额子目名称	定额单位	数量	单价（元）					合价（元）				
				人工费	材料费	机械费	企业管理费	利润	人工费	材料费	机械费	企业管理费	利润
2－110	排水塑料管（粘接）公称直径100mm以内	m	1	17.39	54.02	0.91	10.54	6.7	17.39	54.02	0.91	10.54	6.7
人工单价				小 计					17.39	54.02	0.91	10.54	6.7
综合工日：78.7元/工日				未计价材料费					0				
清单子目综合单价									89.56				

材料费明细	主要材料名称、规格、型号	单位	数量	单价（元）	合价（元）	暂估单价（元）	暂估合价（元）
	其他材料费	元	2.18	1	2.18	—	0
	PVC－U下水塑料管100	m	0.855	25.8	22.06	—	
	PVC－U排水塑料管件（室内）100	个	1.324	19.5	25.82	—	
	其他材料费				3.96		0
	材料费小计				54.02		0

表 2.25　　综合单价分析表（4）

子目编码	031001006002	子目名称	塑料管	计量单位	m	工程量	14

清单综合单价组成明细

定额编号	定额子目名称	定额单位	数量	单价（元）					合价（元）				
				人工费	材料费	机械费	企业管理费	利润	人工费	材料费	机械费	企业管理费	利润
2－108	排水塑料管（粘接）公称直径50mm以内	m	1	13.3	16.48	0.68	8.06	5.13	13.3	16.48	0.68	8.06	5.13
人工单价			小　计						13.3	16.48	0.68	8.06	5.13
综合工日：78.7元/工日			未计价材料费						0				
		清单子目综合单价							43.65				

材料费明细	主要材料名称、规格、型号	单位	数量	单价（元）	合价（元）	暂估单价（元）	暂估合价（元）
		元	0.75	1	0.75	—	0
	PVC－U下水塑料管50	m	0.962	9.1	8.75	—	0
	其他材料费			—	6.98	—	0
	材料费小计			—	16.48	—	0

表 2.26　综合单价分析表（5）

子目编码	031004006001	子目名称	大便器	计量单位	组	工程量	2

清单综合单价组成明细

定额编号	定额子目名称	定额单位	数量	单价（元）					合价（元）				
				人工费	材料费	机械费	企业管理费	利润	人工费	材料费	机械费	企业管理费	利润
6-29	坐便器安装 坐箱式/连体式	组	1	50.76	13.18	2.03	30.77	19.57	50.76	13.18	2.03	30.77	19.57
人工单价					小　计				50.76	13.18	2.03	30.77	19.57
综合工日：78.7元/工日					未计价材料费				202				
				清单子目综合单价					318.31				

材料费明细	主要材料名称、规格、型号	单位	数量	单价（元）	合价（元）	暂估单价（元）	暂估合价（元）
	其他材料费	元	2.7	1	2.7	—	0
	连体坐便器	件	1.01	200	202	—	0
	其他材料费				10.48	—	
	材料费小计				215.18	—	

表 2.27

综合单价分析表 （6）

子目编码	031004006002	子目名称	大便器		计量单位	组	工程量	4

清单综合单价组成明细

定额编号	定额子目名称	定额单位	数量	单价（元）					合价（元）				
				人工费	材料费	机械费	企业管理费	利润	人工费	材料费	机械费	企业管理费	利润
6-25	蹲便器安装 自闭阀	组	1	38.17	69.62	1.53	23.13	14.71	38.17	69.62	1.53	23.13	14.71
人工单价		小 计		38.17	69.62	1.53	23.13	14.71	38.17	69.62	1.53	23.13	14.71
综合工日：78.7元/工日		未计价材料费							121.2				
		清单子目综合单价							268.36				

材料费明细	主要材料名称、规格、型号	单位	数量	单价（元）	合价（元）	暂估单价（元）	暂估合价（元）
	其他材料费	无	8.48	1	8.48	—	—
	UPVC大便器连接件 De110	个	1.005	25	25.13	—	—
	蹲便器	件	1.01	120	121.2	—	—
	其他材料费			—	36.02	—	0
	材料费小计			—	190.82	—	0

表 2.28

综合单价分析表 (7)

子目编码		03100400700001	子目名称		小便器			计量单位		组	工程量			3	

清单综合单价组成明细

定额编号	定额子目名称	定额单位	数量	单价（元）					合价（元）				
				人工费	材料费	机械费	企业管理费	利润	人工费	材料费	机械费	企业管理费	利润
6-37	立式小便器安装 自闭式	组	1	22.51	24.81	0.9	13.64	8.68	22.51	24.81	0.9	13.64	8.68
人工单价：78.7元/工日		小　计		22.51	24.81	0.9	13.64	8.68					
综合工日：		未计价材料费				303							
清单子目综合单价						373.54							

材料费明细	主要材料名称、规格、型号	单位	数量	单价（元）	合价（元）	暂估单价（元）	暂估合价（元）
	其他材料费	元	2.83	1	2.83	—	0
	小便器	件	1.01	300	303	—	
	其他材料费				21.98	—	0
	材料费小计				327.81	—	0

表 2.29　　　　　　　　　　　综合单价分析表（8）

子目编码	031004003001	子目名称	洗脸盆	计量单位	组	工程量	6

清单综合单价组成明细

定额编号	定额子目名称	定额单位	数量	单价（元）					合价（元）				
				人工费	材料费	机械费	企业管理费	利润	人工费	材料费	机械费	企业管理费	利润
6－5	洗脸盆安装 单冷	组	1	25.34	111.92	1.01	15.36	9.77	25.34	111.92	1.01	15.36	9.77
人工单价		小计							25.34	111.92	1.01	15.36	9.77
综合工日：78.7元/工日		未计价材料费									282.8		
		清单子目综合单价									446.2		

材料费明细	主要材料名称、规格、型号	单位	数量	单价（元）	合价（元）	暂估单价（元）	暂估合价（元）
	其他材料费	元	4.61	1	4.61		
	陶瓷片密封龙头15	个	1.01	27.6	27.88	—	
	角型阀带铜活15	套	1.01	23.9	24.14	—	
	排水栓32（铜）	套	1.01	20.7	20.91	—	
	洗脸盆	件	1.01	280	282.8	—	
	其他材料费				34.39		0
	材料费小计				394.72		0

表2.30

综合单价分析表（9）

项目编码	03100401 4001	项目名称	地漏	计量单位	个	工程量	4

清单综合单价组成明细

定额编号	定额项目名称	定额单位	数量	单价（元）					合价（元）				
				人工费	材料费	机械费	企业管理费	利润	人工费	材料费	机械费	企业管理费	利润
6-66	地漏安装 公称直径 50mm以内	个	1	11.96	0.9	0.48	7.25	4.61	11.96	0.9	0.48	7.25	4.61
人工单价	小计								11.96	0.9	0.48	7.25	4.61
78.7元/工日	未计价材料费									30			
综合工日：	清单项目综合单价									55.2			

材料费明细	主要材料名称、规格、型号	单位	数量	单价（元）	合价（元）	暂估单价（元）	暂估合价（元）
	塑料地漏 DN50 公称直径 50mm以内	个	1	30	30	—	—
		无	0.37	1	0.37		
	其他材料费			—	0.53	—	0
	材料费小计			—	30.9	—	0

表 2.31

综合单价分析表（10）

子目编码	031004014002	子目名称	地面清扫口	计量单位	个	工程量	4

清单综合单价组成明细

定额编号	定额子目名称	定额单位	数量	单价（元）					合价（元）				
				人工费	材料费	机械费	企业管理费	利润	人工费	材料费	机械费	企业管理费	利润
6-75	清扫口安装 公称直径100mm以内	个	1	7.24	0.39	0.29	4.39	2.79	7.24	0.39	0.29	4.39	2.79
人工单价				小　计					7.24	0.39	0.29	4.39	2.79
综合工日：78.7元/工日				未计价材料费									
				清单子目综合单价					65.1				

材料费明细	主要材料名称、规格、型号	单位	数量	单价（元）	合价（元）	暂估单价（元）	暂估合价（元）
		元	0.31	1	0.31	—	—
	塑料地面清扫口 DN100 公称直径100mm以内	个	1	50	50	—	—
	其他材料费			—	0.08	—	0
	材料费小计			—	50.39	—	0

表 2.32

综合单价分析表 (11)

子目编码	0310003001001	子目名称	螺纹阀门	计量单位	个	工程量	1

清单综合单价组成明细

定额编号	定额子目名称	定额单位	数量	单价（元）					合价（元）				
				人工费	材料费	机械费	企业管理费	利润	人工费	材料费	机械费	企业管理费	利润
5－6	螺纹阀门 公称直径 50mm 以内	个	1	19.05	17.18	1.04	11.55	7.34	19.05	17.18	1.04	11.55	7.34
人工单价	小　计								19.05	17.18	1.04	11.55	7.34
综合工日：78.7 元/工日	未计价材料费									65.65			
	清单子目综合单价										121.81		

材料费明细	主要材料名称、规格、型号	单位	数量	单价（元）	合价（元）	暂估单价（元）	暂估合价（元）
		元	1.38	1	1.38	—	
	截止阀 DN50 公称直径 50mm 以内	个	1.01	65	65.65	—	0
	其他材料费			—	15.8	—	
	材料费小计			—	82.83	—	0

表 2.33

综合单价分析表 (12)

子目编码	031002003001	子目名称	套管	计量单位	个	工程量	1

清单综合单价组成明细

定额编号	定额子目名称	定额单位	数量	单价（元）					合价（元）				
				人工费	材料费	机械费	企业管理费	利润	人工费	材料费	机械费	企业管理费	利润
4-30	柔性防水套管制作公称直径50mm以内	个	1	109.94	146.97	16.65	66.63	42.38	109.94	146.97	16.65	66.63	42.38
4-46	柔性防水套管安装公称直径50mm以内	个	1	25.97	35.91	1.04	15.74	10.01	25.97	35.91	1.04	15.74	10.01
人工单价：78.7元/工日			小　计						135.91	182.88	17.69	82.37	52.39
综合工日：			未计价材料费						0				
清单子目综合单价									471.24				

材料费明细	主要材料名称、规格、型号	单位	数量	单价（元）	合价（元）	暂估单价（元）	暂估合价（元）
	其他材料费	元	7.37	1	7.37		
	乙炔气	m³	0.858	28	24.02		
	普通钢板 δ=8～15mm	kg	15.4281	4.54	70.04		
	密封膏	kg	0.7461	43	32.08		
	其他材料费			—	49.36	—	0
	材料费小计			—	182.88		0

表2.34　　综合单价分析表（13）

子目编码	031002003002	子目名称	套管	计量单位	个	工程量	2

清单综合单价组成明细

定额编号	定额子目名称	定额单位	数量	单价（元）					合价（元）				
				人工费	材料费	机械费	企业管理费	利润	人工费	材料费	机械费	企业管理费	利润
4-32	柔性防水套管制作 公称直径100mm以内	个	1	166.92	250.29	26.06	101.17	64.34	166.92	250.29	26.06	101.17	64.34
4-47	柔性防水套管安装 公称直径100mm以内	个	1	34.63	60.14	1.39	20.99	13.35	34.63	60.14	1.39	20.99	13.35
人工单价	小计			201.55	310.43	27.45	122.16	77.69					
综合工日：78.7元/工日	未计价材料费				0								
	清单子目综合单价								739.28				

材料费明细	主要材料名称、规格、型号	单位	数量	单价（元）	合价（元）	暂估单价（元）	暂估合价（元）
	其他材料费	元	11.83	1	11.83		
	乙炔气	m³	1.287	28	36.04		
	普通钢板 δ=8~15mm	kg	28.2495	4.54	128.25		
	密封膏	kg	1.2632	43	54.32		
	其他材料费			—	80	—	0
	材料费小计			—	310.44	—	0

表 2.35

综合单价分析表 (14)

项目编码	031002001001	项目名称	管道支架	计量单位	kg	工程量	24

清单综合单价组成明细

定额编号	定额项目名称	定额单位	数量	单价（元）					合价（元）				
				人工费	材料费	机械费	企业管理费	利润	人工费	材料费	机械费	企业管理费	利润
4－1	管道支架制作安装 作安装 一般管架	100kg	0.01	691.62	625.34	113.4	419.19	266.59	6.92	6.25	1.13	4.19	2.67
人工单价：78.7元/工日		小　计							6.92	6.25	1.13	4.19	2.67
综合工日		未计价材料费							0				

清单子目综合单价	21.16

材料费明细	主要材料名称、规格、型号	单位	数量	单价（元）	合价（元）	暂估单价（元）	暂估合价（元）
		元	0.9993	1	1	—	
	乙炔气	m³	0.0091	28	0.25	—	
	其他材料费			—	5	—	0
	材料费小计			—	6.25	—	0

表2.36

综合单价分析表 (15)

子目编码	031201003001	子目名称	金属结构刷油	计量单位	kg	工程量	24

清单综合单价组成明细

定额号	定额子目名称	定额单位	数量	单价（元）					合价（元）				
				人工费	材料费	机械费	企业管理费	利润	人工费	材料费	机械费	企业管理费	利润
2-61	金属结构刷油 防锈漆 第一遍	100kg	0.01	10.7	17.94	6.3	6.49	4.13	0.11	0.18	0.06	0.06	0.04
2-62	金属结构刷油 防锈漆 第二遍	100kg	0.01	6.77	8.87	5.95	4.1	2.61	0.07	0.09	0.06	0.04	0.03
人工单价	小计								0.17	0.27	0.12	0.11	0.07
综合工日：78.7元/工日	未计价材料费										0		
	清单子目综合单价										0.74		

材料费明细	主要材料名称、规格、型号	单位	数量	单价（元）	合价（元）	暂估单价（元）	暂估合价（元）
		元	0.0868	1	0.09	—	0
	其他材料费			—	0.18	—	0
	材料费小计			—	0.27	—	0

表 2.37

综合单价分析表（16）

子目编码	031201001001	子目名称	管道刷油	计量单位	m²	工程量	4.42

清单综合单价组成明细

定额编号	定额子目名称	定额单位	数量	单价（元）					合价（元）				
				人工费	材料费	机械费	企业管理费	利润	人工费	材料费	机械费	企业管理费	利润
2-11	管道刷油 银粉漆 第一遍	m²	1	2.6	1.19	0.1	1.58	1	2.6	1.19	0.1	1.58	1
2-12	管道刷油 银粉漆 第二遍	m²	1	2.28	1.09	0.09	1.38	0.88	2.28	1.09	0.09	1.38	0.88
人工单价			小　计						4.88	2.28	0.19	2.96	1.88
综合工日：78.7元/工日			未计价材料费						0				
清单子目综合单价									12.19				

材料费明细	主要材料名称、规格、型号	单位	数量	单价（元）	合价（元）	暂估单价（元）	暂估合价（元）
		元	0.04	1	0.04	—	0
	其他材料费			—	2.24	—	0
	材料费小计			—	2.28	—	0

表 2.38 单位工程人材机汇总表

序号	名 称 及 规 格	单位	数量	市场价（元）	合计（元）
一、	人工类别				
1	综合工日	工日	38.4261	78.7	3024.13
二、	材料类别				
1	型钢	kg	24.96	3.67	91.6
2	普通钢板 $\delta=8\sim15$	kg	71.9271	4.54	326.55
3	普通钢板 $\delta=16\sim20$	kg	1.2271	4.49	5.51
4	镀锌钢管 15	m	7.242	6.78	49.1
5	镀锌钢管 20	m	1.632	8.82	14.39
6	镀锌钢管 25	m	4.794	12.7	60.88
7	镀锌钢管 32	m	6.834	16.4	112.08
8	镀锌钢管 40	m	6.426	19.4	124.66
9	镀锌钢管 50	m	13.974	24.7	345.16
10	焊接钢管 100	m	0.56	43.2	24.19
11	焊接钢管 $\phi150$	m	1.12	72.4	81.09
12	水泥（综合）	kg	14.9526	0.4	5.98
13	砂子	kg	77.6205	0.07	5.43
14	烧结标准砖 240×115×53	块	32	0.5	16
15	带母螺栓 12×（40～60）	套	4.12	0.54	2.22
16	带母螺栓 16×（65～80）	套	8.24	1.26	10.38
17	膨胀螺栓 $\phi8$	套	4.12	1.14	4.7
18	电焊条（综合）	kg	7.5706	7.78	58.9
19	螺栓及垫片	kg	1.1059	8.13	8.99
20	螺母	kg	0.4968	9.32	4.63
21	胶皮碗	个	4.4	2.77	12.19
22	橡胶板 $\delta=1\sim3$	kg	0.32	9.1	2.91
23	橡胶板 $\delta=3\sim5$	kg	0.1224	8.54	1.05
24	橡胶圈	kg	0.45	10.5	4.73
25	柴油	kg	0.082	8.98	0.74
26	醇酸防锈漆	kg	0.2009	16.4	3.29
27	酚醛清漆	kg	0.305	12.7	3.87
28	银粉	kg	0.0752	29	2.18
29	玻璃胶（密封胶）	支	3	6.8	20.4
30	密封膏	kg	3.2725	43	140.72
31	乙炔气	m³	3.6506	28	102.22
32	氧气	m³	9.9722	3.6	35.9
33	油灰	kg	1.84	1.38	2.54

续表

序号	名称及规格	单位	数量	市场价（元）	合计（元）
34	胶黏剂	kg	1.8133	12.7	23.03
35	机油	kg	0.19	12.1	2.3
36	200号溶剂汽油	kg	0.6654	6.26	4.17
37	次氯酸钙	kg	0.036	3.73	0.13
38	聚四氟乙烯生料带 $d=20$	m	118.6077	0.34	40.33
39	油麻	kg	0.5619	5.5	3.09
40	球胆50	个	0.392	18	7.06
41	球胆100	个	2.0104	26	52.27
42	PVC-U下水塑料管50	m	13.468	9.1	122.56
43	PVC-U下水塑料管100	m	30.6945	25.8	791.92
44	PVC-U排水塑料管件（室内）50	个	13.188	3.87	51.04
45	PVC-U排水塑料管件（室内）100	个	47.5316	19.5	926.87
46	UPVC管箍50	个	3.03	1.2	3.64
47	UPVC大便器连接件De110	个	4.02	25	100.5
48	塑料管卡50	个	20.825	1.74	36.24
49	塑料管卡100	个	25.0151	2.45	61.29
50	PVC-U止水翼环50	个	9.09	1.89	17.18
51	PVC-U止水翼环100	个	6.06	5.2	31.51
52	镀锌活接头50	个	1.01	13.6	13.74
53	室内镀锌钢管接头零件（丝接）15	个	11.2677	0.91	10.25
54	室内镀锌钢管接头零件（丝接）20	个	1.8848	1.34	2.53
55	室内镀锌钢管接头零件（丝接）25	个	4.7517	2.02	9.6
56	室内镀锌钢管接头零件（丝接）32	个	5.4672	3.15	17.22
57	室内镀锌钢管接头零件（丝接）40	个	4.5486	4.02	18.29
58	室内镀锌钢管接头零件（丝接）50	个	9.8366	6.12	60.2
59	金属软管15（$L=500mm$）	根	6.03	16	96.48
60	陶瓷片密封龙头15	个	6.06	27.6	167.26
61	排水栓32（铜）	套	6.06	20.7	125.44
62	角型阀 带铜活15	套	6.06	23.9	144.83
63	存水弯 塑料50	个	3.015	18.1	54.57
64	存水弯 塑料100	个	4.02	22.9	92.06
65	存水弯 铜镀铬32	个	6.03	12.1	72.96
66	压盖15	个	2.02	2.01	4.06
67	压力表（带弯、带阀）0～1.6MPa	套	0.0802	153.1	12.28
68	其他材料费	元	263.8393	1	263.84

续表

序号	名 称 及 规 格	单位	数量	市场价（元）	合计（元）
三、	机械类别				
1	电焊机（综合）	台班	2.1443	18.6	39.88
2	试压泵（综合）	台班	0.0604	8.46	0.51
3	普通车床 $\phi400$	台班	0.18	104.9	18.88
4	套丝机 $\phi150$	台班	1.2789	14.4	18.42
5	电动煨弯机 100	台班	0.0024	86	0.21
6	汽车起重机 16t	台班	0.0028	915.2	2.56
7	离心水泵 $\phi100$	台班	0.0962	14.8	1.42
8	其他机具费	元	144.6556	1	144.66
9	管理费	元	0.1332	1	0.13
10	检修费	元	0.4518	1	0.45
11	台班折旧费	元	2.0621	1	2.06
12	税金	元	0.1611	1	0.16
13	利润	元	0.0881	1	0.09
14	安拆及场外运费	元	0.1468	1	0.15
四、	主材类别				
1	塑料地面清扫口 DN100 公称直径 100mm 以内	个	4	50	200
2	塑料地漏 DN50 公称直径 50mm 以内	个	4	30	120
3	截止阀 DN50 公称直径 50mm 以内	个	1.01	65	65.65
4	洗脸盆	件	6.06	280	1696.8
5	小便器	件	3.03	300	909
6	连体坐便器	件	2.02	200	404
7	蹲便器	件	4.04	120	484.8
	合 计				12259.88

复 习 思 考 题

1. 分别简述给水排水管道系统组成和工程量计算规则。

2. 室内给排水工程中常用管材有哪几种？其常见连接方式有哪些？

3. 室内给排水与室外给排水管道的界限如何划分？

4. 简述给水水表组的组成和工程量如何计算？

5. 简述卫生器具的组成和工程量如何计算？

6. 在管道工程中，定额对支架工程量计算有哪些规定？

7. 在管道工程中，定额对穿墙、穿楼板等套管工程量计算有哪些规定？
8. 试述高层建筑增加费、超高增加消耗量、脚手架搭拆费如何计算？
9. 管道安装主材的消耗量如何确定？如何计算主材的费用？
10. 给水管道消毒冲洗工程量如何计算？

项目3 建筑消防工程计量与计价

学习目标:

能够熟悉消防工程基本知识;掌握建筑消防工程施工图识图方法;熟悉建筑消防工程定额和清单,并学会应用。掌握建筑消防工程工程量计算规则;掌握建筑消防工程清单的编制和计价方法。

3.1 建筑消防工程基础知识

3.1.1 建筑消防系统的分类和组成

建筑消防系统根据灭火剂的种类和灭火方式的不同可以分为水灭火消防系统、非水灭火剂消防系统两大类。水灭火消防系统主要有消火栓灭火系统、自动喷水灭火系统两大类。非水灭火剂消防系统是指使用二氧化碳、泡沫、干粉、卤代烷等作为灭火剂的消防系统,主要有二氧化碳灭火系统、泡沫灭火系统、干粉灭火系统、卤代烷灭火系统等。

3.1.1.1 消火栓灭火系统的组成

消火栓灭火系统是把室外给水网提供的水量,经过加压(外网压力不足时)输送到建筑物内扑灭火灾的固定灭火系统,是建筑物内使用最广泛、最基本的灭火设施。

消火栓灭火系统通常有以下几部分组成(图 3.1):消防水源(市政给水网、天然水源、消防水池)、消防供水设备(消防水箱、消防水泵、水泵接合器)、消防管网(进水管、消防竖管、水平干管等)、室内消火栓(水枪、水带、消火栓)等组成。

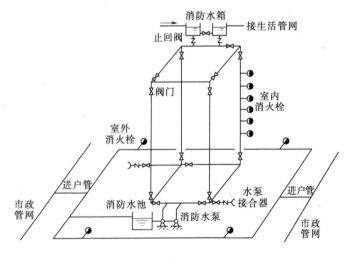

图 3.1 消火栓系统组成示意图

3.1.1.2 自动喷水灭火系统分类和组成

自动喷水灭火系统是一种能自动探测火灾、自动启动喷头灭火，并能同时发出火警信号的固定消防灭火系统，具有控火灭火成功率高、安全可靠、结构简单、使用期长、便于管理和分区控制等优点，广泛用于建筑物中允许用水灭火的场所（图 3.2～图 3.6）。

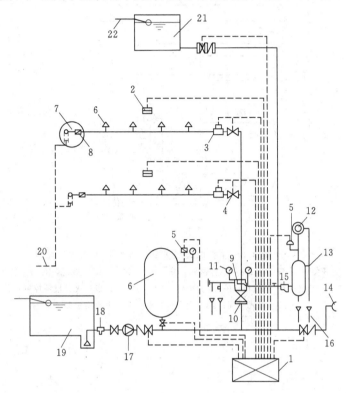

图 3.2 湿式自动喷水灭火系统示意图

1—火灾报警控制箱；2—探测器；3—水流指示器；4—安全指示阀；5—压力开关；6—压力罐；
7—末端试水装置；8—水表；9—湿式报警阀；10—控制阀；11—压力表；12—水力警铃；
13—延时器；14—消防水泵接合器；15—过滤器；16—排水漏斗；17—消防水泵；
18—除污器；19—消防水池；20—排水管；21—高位水箱；22—进水管

3.1.1.3 火灾自动报警系统

火灾自动报警系统是人们为了早期发现和通报火灾，及时采取有效措施控制和扑灭火灾，而设置在建筑物中或其他场所的一种自动消防设施，是现代消防不可缺少的安全技术设施之一。

一般火灾自动报警系统和自动喷水灭火系统、室内消火栓系统、防排烟系统、通风系统、空调系统、防火门、防火卷帘、挡烟垂壁等相关设备联动，自动或手动发出指令，启动相应的防火灭火装置。

图 3.7 为火灾自动报警系统示意图，图 3.8 为火灾自动报警系统原理图。

3.1.2 建筑消防系统常用材料和设备

3.1.2.1 消火栓设备

室内消火栓由水枪、水带和消火栓组成，均安装于消火栓箱内，如图 3.9 所示。

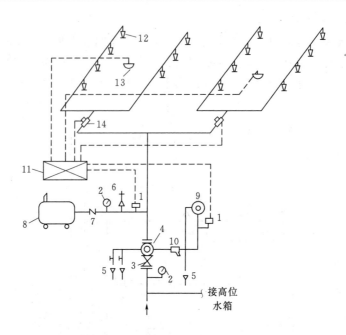

图 3.3　干式自动喷水灭火系统示意图

1—压力开关；2—压力表；3—总控制阀；4—干式报警阀；5—排水漏斗；6—安全阀；
7—止回阀；8—空压机；9—水力警铃；10—过滤器；11—火灾报警控制箱；
12—闭式喷头；13—火灾探测器；14—水流指示器

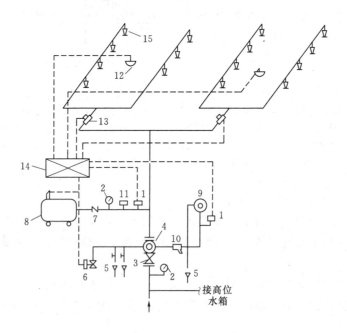

图 3.4　预作用自动喷水灭火系统示意图

1—压力开关；2—压力表；3—总控制阀；4—预作用阀组；5—排水漏斗；6—电磁阀；
7—止回阀；8—空压机；9—水力警铃；10—过滤器；11—低气压报警压力开关；
12—火灾探测器；13—水流指示器；14—火灾报警控制箱；15—闭式喷头

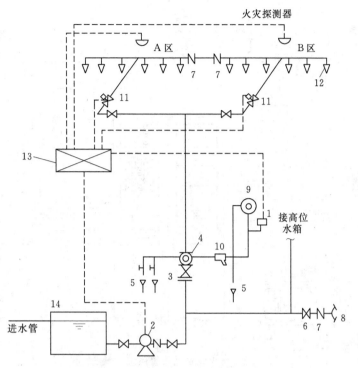

图 3.5 雨淋喷水灭火系统示意图

1—压力开关；2—消防水泵；3—总控制阀；4—湿式报警阀；5—排水漏斗；6—截止阀；

7—止回阀；8—水泵接合器；9—水力警铃；10—过滤器；11—雨淋阀；

12—开式喷头；13—火灾报警控制箱；14—消防水池

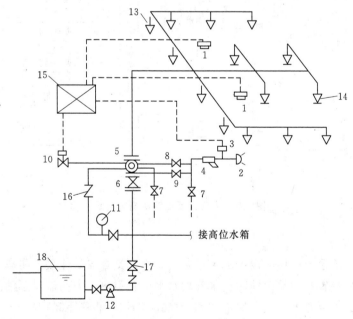

图 3.6 水幕灭火系统示意图

1—火灾探测器；2—水力警铃；3—压力开关；4—过滤器；5—雨淋阀；6—总控制阀；7—放水阀；

8—警铃管阀；9—试警铃阀；10—电磁阀；11—压力表；12—消防泵；13—水幕喷头；

14—闭式喷头；15—火灾报警控制箱；16—止回阀；17—截止阀；18—消防水池

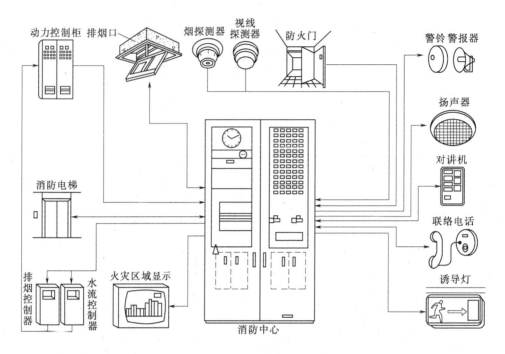

图 3.7 火灾自动报警系统示意图

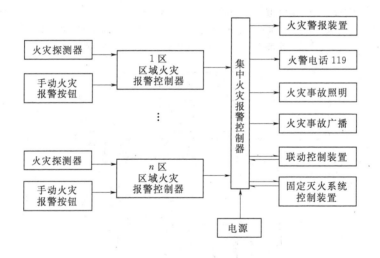

图 3.8 火灾自动报警系统原理图

3.1.2.2 水泵接合器

在建筑消防给水系统中均应设置水泵接合器。水泵接合器是连接消防车、向室内消防给水系统加压供水的装置，一端由消防给水管网水平干管引出，另一端设于消防车易于接近的地方。水泵接合器主要有地上式、地下式和墙壁式（图 3.10～图 3.12）。

3.1.2.3 消防管道

建筑物内消防管道是否与其他给水系统合并或独立设置，应根据建筑物的性质和使用要求经技术经济比较后确定。消防给水管材以镀锌钢管为主。

图 3.9　室内消火栓

图 3.10　地上式水泵接合器　　图 3.11　地下式水泵接合器　　图 3.12　墙壁式水泵接合器

3.1.2.4　消防水池和消防水箱

　　消防水池用于无室外消防水源情况下，储存火灾持续时间内的室内消防用水量。消防水池可设于室外地下或地面上，也可设在室内地下室，或与室内游泳池、水景水池兼用。

　　消防水箱对扑救初期火灾起着重要作用，为确保其自动供水的可靠性，应在建筑物的最高部位设置重力自流的消防水箱。

　　1. 喷头

　　闭式喷头（图 3.13）的喷口用热敏元件组成的释放机构封闭，当达到一定温度时能自动开启，如玻璃球爆炸、易熔合金脱离。其洒水喷头构造按溅水盘的形式和安装位置有直立型、下垂型、边墙型、普通型、吊顶型和干式下垂型。

　　开式喷头（图 3.14）根据用途又分为开启式、水幕、喷雾 3 种类型。

图 3.13　闭式喷头　　　　　　　　　图 3.14　开式喷头

2. 报警阀

报警阀的作用是开启和关闭管网的水流,传递控制信号至控制系统并启动水力警铃直接报警。报警阀有湿式(图 3.15)、干式(图 3.16)、干湿式和雨淋式 4 种类型。

图 3.15　湿式报警阀　　　　　　　　　图 3.16　干式报警阀

3. 水流报警装置

水流报警装置主要有水力警铃、水流指示器、压力开关。

水力警铃(图 3.17)主要用于湿式喷水灭火系统。当报警阀打开消防水源后,具有一定压力的水流冲动叶轮打铃报警。

水流指示器(图 3.18)用于湿式喷水灭火系统中。当某个喷头开启喷水或管网发生水量泄露时,管道中的水产生流动,引起水流指示器中桨片随水流而动作,接通延时电路20~30s之后,继电器触电吸合发出区域水流电信号,送至消防控制室。

压力开关垂直安装于延迟器和水力警铃之间的管道上。在水力警铃报警的同时,依靠警铃管内水压的升高自动接通电触点,完成电动警铃报警,向消防控制室传送电信号或启动消防水泵。

4. 延迟器

延迟器(图 3.19)是一个罐式容器,安装于报警阀与水力警铃(或压力开关)之间,用来防止由于水压波动原因引起报警阀开启而导致的误报。

图 3.17 水力警铃

图 3.18 水流指示器

图 3.19 延时器

5. 火灾探测器

火灾探测器是自动喷水灭火系统的配套组成部分，目前常用的有烟感、温感探测器。烟感探测器（图 3.20）是利用火灾发生地点的烟雾浓度进行探测，温感探测器（图 3.21）是通过火灾引起的温升进行探测。

图 3.20 烟感探测器

图 3.21 温感探测器

6. 末端试水装置

末端试水装置（图 3.22）安装在系统管网或分区管网的末端，是用于检验系统启动、报警及联动等功能的装置。

7. 减压孔板

减压孔板（图 3.23）的作用是对流体动力减压，主要用于降低高层建筑物底层的自动喷水灭火设备和消火栓的出口压力及出口流量。

8. 集热罩

当高架仓库分层板上方有孔洞、缝隙时，应在喷头上方设置集热罩（图 3.24）。设置集热罩是针对喷头上方有孔洞、缝隙或喷头距顶板过高（距顶板超过 300mm）等情况，防止喷头因热气流不停留而不能启动，而延误喷头响应时间。

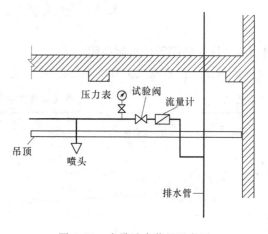

图 3.22 末端试水装置示意图

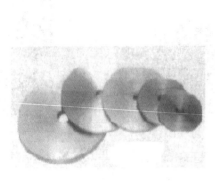

图 3.23　减压孔板

图 3.24　集热罩

3.2　建筑消防工程施工图识图

3.2.1　建筑消防工程常用图例

建筑消防工程常用图例见 2.2.1 建筑给排水施工图常用图例。

3.2.2　图纸组成和识图方法

建筑消防工程图一般由设计说明、消防工程平面图（底层、标准层）、消防工程系统图和喷淋系统组成。由于消防工程管道系统同样为给排水系统，各种图纸表达的内容同给排水工程。

建筑消防工程施工图纸识读思路如下：

（1）阅读设计说明，了解该工程设计者的意图、消防管道材质及设备的选型情况、有关施工要求。

（2）阅读消防工程平面图，如消防给水总平面图、消防水池和消防水泵房平面图。

（3）阅读消防工程系统图，如水喷淋平面系统图、消火栓平面系统图、防排烟平面系统图，了解管道、部件及喷头等的布置情况。

3.3　建筑消防工程计量与计价

3.3.1　建筑消防工程定额及应用

根据《××省安装工程消耗量定额》，建筑消防工程常用定额项目详见表 3.1。

表 3.1　　　　　　　　　　　　　建筑消防工程常用定额项目表

章　名　称	节　名　称	分项工程列项
第七章　消防管道、附件及器具安装	一、管道安装	1. 水灭火系统管道安装
		（1）镀锌钢管（螺纹连接）
		（2）镀锌钢管（法兰安装）
		（3）镀锌钢管（卡箍安装）
		（4）卡箍管件安装（开孔连接）

续表

章 名 称	节 名 称	分项工程列项
第七章 消防管道、附件及器具安装	一、管道安装	（5）卡箍管件安装（管件连接）
		（6）自动喷水灭火系统管网水冲洗
		2. 气体灭火系统管道安装
		（1）无缝钢管（螺纹连接）
		（2）无缝钢管（法兰连接）
		（3）气体驱动装置管道安装
		（4）钢管管件（螺纹连接）
	二、水灭火系统组件及装置安装	1. 喷头安装
		2. 湿式报警装置安装
		3. 温感式水幕装置安装
		4. 水流指示器安装
		（1）螺纹连接
		（2）法兰连接
		5. 减压孔板安装
		6. 末端试水装置安装
		7. 集热板制作、安装
		8. 消火栓安装
		（1）室内消火栓安装
		（2）室外地下式消火栓安装
		（3）室外地上式消火栓安装
		（4）消防水泵接合器安装
		9. 室内消防水炮安装
		10. 隔膜式气压水罐安装（气压罐）
	三、气体灭火系统组件、装置安装及调试	1. 喷头安装
		2. 选择阀安装
		（1）螺纹连接
		（2）法兰连接
		3. 储存装置安装
		4. 二氧化碳称重检漏装置安装
		5. 系统组件试验
		6. 气体灭火系统装置安装
	四、泡沫灭火系统装置安装	1. 泡沫发生器安装
		2. 泡沫比例混合器安装
		（1）压力储罐式泡沫比例混合器安装
		（2）平衡压力式比例混合器安装
		（3）环泵式负压比例混合器安装
		（4）管线式负压比例混合器安装

3.3.2　建筑消防工程清单及应用

水灭火系统工程量清单项目设置、项目特征描述的内容、计量单位及工程量计算规则见表 3.2。

表 3.2　　　　　　　　　　　水灭火系统工程量清单项目设置及工程量计算规则

项目编码	项目名称	项目特征	计量单位	工程量计算规则	工作内容
030901001	水喷淋钢管	1. 安装部位 2. 材质、规格 3. 连接形式 4. 钢管镀锌设计要求 5. 压力试验及冲洗设计要求 6. 管道标识设计要求	m	按设计图示数量计算	1. 管道及管件安装 2. 钢管镀锌 3. 压力试验 4. 冲洗 5. 管道标识
030901002	消火栓钢管				
030901003	水喷淋（雾）喷头	1. 安装部位 2. 材质、型号、规格 3. 连接形式 4. 装饰盘设计要求	个		1. 安装 2. 装饰盘安装 3. 严密性试验
030901004	报警装置	1. 名称 2. 型号、规格	组		1. 安装 2. 电气接线 3. 调试
030901005	温感式水幕装置	1. 型号、规格 2. 连接形式			
030901006	水流指示器	1. 规格、型号 2. 连接形式	个		
030901007	减压孔板	1. 材质、规格 2. 连接形式			
030901008	末端试水装置	1. 规格 2. 组装形式	组		
030901009	集热板制作安装	1. 材质 2. 支架形式	个		1. 制作 2. 支架制作、安装
030901010	室内消火栓	1. 安装方式 2. 型号、规格 3. 附件材质、规格	套		1. 箱体及消火栓安装 2. 配件安装
030901011	室外消火栓				1. 安装 2. 配件安装
030901012	消防水泵接合器	1. 安装部位 2. 型号、规格 3. 附件材质、规格			1. 安装 2. 附件安装
030901013	灭火器	1. 形式 2. 规格、型号	具（组）		设置

项目编码	项目名称	项目特征	计量单位	工程量计算规则	工作内容
030901014	消防水炮	1. 水炮类型 2. 压力等级 3. 保护半径	台	按设计图示数量计算	1. 本体安装 2. 调试

注：1. 水灭火管道工程量计算，不扣除阀门、管件及各种组件所占长度以延长米计算。

2. 水喷淋（雾）喷头安装部位应区分有吊顶、无吊顶。

3. 报警装置适用于湿式报警装置、干湿两用报警装置、电动雨淋报警装置、预作用报警装置等报警装置安装。报警装置安装包括装配管（除水力警铃进水管）的安装，水力警铃进水管并入消防管道工程量。其中：

(1) 湿式报警装置包括：湿式阀、蝶阀、装配管、供水压力表、装置压力表、试验阀、泄放试验阀、泄放试验管、试验管流量计、过滤器、延时器、水力警铃、报警截止阀、漏斗、压力开关等。

(2) 干湿两用报警装置包括：两用阀、蝶阀、装配管、加速器、加速器压力表、供水压力表、试验阀、泄放试验阀（湿式、干式）、挠性接头、泄放试验管、试验管流量计、排气阀、截止阀、漏斗、过滤器、延时器、水力警铃、压力开关等。

(3) 电动雨淋报警装置包括：雨淋阀、蝶阀、装配管、压力表、泄放试验阀、流量表、截止阀、注水阀、止回阀、电磁阀、排水阀、手动应急球阀、报警试验阀、漏斗、压力开关、过滤器、水力警铃等。

(4) 预作用报警装置包括：报警阀、控制蝶阀、压力表、流量表、截止阀、排放阀、注水阀、止回阀、泄放试验阀、报警试验阀、液压切断阀、装配管、供水检验管、气压开关、试压电磁阀、空压机、应急手动试压器、漏斗、过滤器、水力警铃等。

4. 温感式水幕装置包括：给水三通至喷头、阀门间的管道、管件、阀门、喷头等全部内容的安装。

5. 末端试水装置包括：压力表、控制阀等附件安装。末端试水装置安装中不含连接管及排水管安装，其工程量并入消防管道。

6. 室内消火栓包括：消火检箱、消火栓、水枪、水龙头、水龙带接扣、自救卷盘、挂架、消防按钮；落地消火栓箱包括箱内手提灭火器。

7. 室外消火栓的安装方式有地上式、地下式。地上式消火栓安装包括地上式消火栓、法兰接管、弯管底座；地下式消火栓安装包括地下式消火栓、法兰接管、弯管底座或消火栓三通。

8. 消防水泵接合器包括法兰接管及弯头安装，接合器井内阀门、弯管底座、标牌等附件安装。

9. 减压孔板若在法兰盘内安装，其法兰计入组价中。

10. 消防水炮分为普通手动水炮和智能控制水炮。

火灾自动报警系统工程量清单项目设置、项目特征描述的内容、计量单位及工程量计算规则见表 3.3。

消防系统调试工程量清单项目设置、项目特征描述的内容、计量单位及工程量计算规则见表 3.4。

表 3.3　　　　火灾自动报警系统工程量清单项目设置及工程量计算规则

项目编码	项目名称	项目特征	计量单位	工程量计算规则	工作内容
030904001	点型探测器	1. 名称 2. 规格 3. 线制 4. 类型	个	按设计图示数量计算	1. 底座安装 2. 探头安装 3. 校接线 4. 编码 5. 探测器测试

续表

项目编码	项目名称	项目特征	计量单位	工程量计算规则	工作内容
030904002	线型探测器	1. 名称 2. 规格	m	按设计图示 长度计算	1. 探测器安装 2. 接口模块安装 3. 报警终端安装 4. 校接线
030904003	按钮	1. 名称 2. 规格	个		1. 安装 2. 校接线 3. 编码 4. 调试
030904004	消防警铃				
030904005	声光报警器				
030904006	消防报警电话 插孔（电话）	1. 名称 2. 规格 3. 安装方式	个（部）		
030904007	消防广播（扬 声器）	1. 名称 2. 功率 3. 安装方式	个		
030904008	模块（模块 箱）	1. 名称 2. 规格 3. 类型 4. 输出形式	个（台）		
030904009	区域报警控 制箱	1. 多线制 2. 总线制 3. 安装方式 4. 控制点数量 5. 显示器类型	台		1. 本体安装 2. 校接线，摇测绝缘电阻 3. 排线，绑扎，导线标识 4. 显示器安装 5. 调试
030904010	联动控制箱				
030904011	远程控制箱 （柜）	1. 规格 2. 控制回路			
030904012	火灾报警系统 控制主机	1. 规格、线制 2. 控制回路 3. 安装方式			1. 安装 2. 校接线 3. 调试
030904013	联动控制主机				
030904014	消防广播及对 讲电话主机（柜）				
030904015	火灾报警控制 微机（CRT）	1. 规格 2. 安装方式			1. 安装 2. 调试
030904016	备用电源及电 池主机（柜）	1. 名称 2. 容量 3. 安装方式	套	按设计图示数量 计算	1. 安装 2. 调试
030904017	火灾报警控制 微机（CRT）	1. 规格 2. 安装方式	台		1. 安装 2. 校接线 3. 调试

注：1. 消防报警系统配管、配线、接线盒均应按《通用安装工程工程量计算规范》（GB 50856—2013）附录D"电气设备安装工程"相关项目编码列项。

　　2. 消防广播及对讲电话主机包括功放、录音机、分配器、控制柜等设备。

　　3. 点型探测器包括火焰、烟感、温感、红外光束、可燃气体探测器等。

表 3.4 **消防系统调试工程量清单项目设置及工程量计算规则**

项目编码	项目名称	项目特征	计量单位	工程量计算规则	工作内容
030905001	自动报警系统调试	1. 点数 2. 线制	系统	按系统计算	系统调试
030905002	水灭火控制装置调试	系统形式	点	按控制装置的点数计算	调试
030905003	防火控制装置调试	1. 名称 2. 类型	个（部）	按设计图示数量计算	

注：1. 自动报警系统，包括各种探测器、报警器、报警按钮、报警控制器、消防广播、消防电话等组成的报警系统；按不同点数以"系统"计算。

2. 水灭火控制装置，自动喷洒系统按水流指示器数量以"点（支路）"计算；消火栓系统按消火栓启泵按钮数量以"点"计算；消防水炮系统按水炮数量以"点"计算。

3. 防火控制装置，包括电动防火门、防火卷帘门、正压送风阀、排烟阀、防火控制阀、消防电梯等防火控制装置；电动防火门、防火卷帘门、正压送风阀、排烟阀、防火控制阀等的调试以"个"计算，消防电梯以"部"计算。

3.3.3 建筑消防工程工程量计算规则

3.3.3.1 管道界限的划分

（1）喷淋系统水灭火管道：室内界限应以建筑物外墙皮 1.5m 为界，入口处设阀门者应以阀门为界；设在高层建筑物内的消防泵间管道应以泵间外墙皮为界。

（2）消火栓管道：给水管道室内外界限划分应以外墙皮 1.5m 为界限，入口处设阀门者应以阀门为界。

（3）与市政给水管道的界限，以与市政给水管道碰头点（井）为界。

消防管道如需进行探伤，应按《通用安装工程工程量计算规范》（GB 50856—2013）附录中的工业管道工程相关项目编码列项。

消防管道上的阀门、管道及设备支架、套管制作安装，应按《通用安装工程工程量计算规范》（GB 50856—2013）附录中的给排水、采暖、燃气工程相关编码列项。

管道及设备除锈、刷油、保温除注明者外，均应按《通用安装工程工程量计算规范》（GB 50856—2013）附录中的刷油、防腐蚀、绝热工程相关项目编码列项。

消防工程措施项目，应按《通用安装工程工程量计算规范》（GB 50856—2013）附录中的措施项目相关项目编码列项。

3.3.3.2 水灭火系统

（1）镀锌钢管安装按设计管道中心线长度，以"m"为计量单位，不扣除阀门、管件及各种组件所占长度。主材数量应按定额用量计算，管件含量见表 3.5。

表 3.5 **镀锌钢管（螺纹连接）管件含量表** 单位：个/10m

项目	名称	公称直径（mm 以内）						
		25	32	40	50	70	80	100
管件含量	四通	0.02	1.20	0.53	0.69	0.73	0.95	0.47
	三通	2.29	3.24	4.02	4.13	3.04	2.95	22.00
	弯头	4.92	0.98	1.69	1.78	1.87	1.47	1.16
	管箍		2.65	5.99	2.73	3.27	2.89	1.44
	小计	7.23	8.07	12.23	9.33	8.91	8.26	5.19

（2）镀锌钢管安装定额也适用于镀锌无缝钢管，其对应关系见表3.6。

表3.6　　　　　　　　　　　镀锌钢管及镀锌无缝钢管直径对应关系

镀锌钢管公称直径/mm	15	20	25	32	40	50	70	80	100	150	200
镀锌无缝钢管外径/mm	20	25	32	38	45	57	76	89	108	159	219

（3）镀锌钢管法兰连接定额，管件是按成品、弯头两端是按接短管焊法兰考虑的，定额中包括直管、管件、法兰等全部安装工作内容，但管件、法兰及螺栓的主材数量应按设计规定另行计算。

（4）喷头安装按有吊顶、无吊顶分别以"个"为计量单位。

（5）报警装置安装按成套产品以"组"为计量单位。其他报警装置适用于雨淋、干湿两用及预作用报警装置，其安装执行湿式报警装置安装定额，其人工乘以系数1.2，其余不变。成套产品包括的内容详见表3.7。

表3.7　　　　　　　　　　　　　消防系统常见成套产品

序号	项目名称	型号	包 括 内 容
1	湿式报警装置	ZSS	湿式阀、蝶阀、装配管、供水压力表、装置压力表、试验阀、泄放试验阀、泄放试验管、试验管流量计、过滤器、延时器、水力警铃、报警截止阀、漏斗、压力开关等
2	干湿两用报警装置	ZSL	两用阀、蝶阀、装置截止阀、装配管、加速器、加速器压力表、供水压力表、试验阀、泄放试验阀（湿式）、泄放试验阀（干式）、挠性接头、泄放试验管、试验管流量计、排气阀、截止阀、漏斗、过滤器、延时器、水力警铃、压力开关等
3	电动雨淋报警装置	ZSY1	雨淋阀、蝶阀（2个）、装配管、压力表、泄放试验阀、流量表、截止阀、注水阀、止回阀、电磁阀、排水阀、手动应急球阀、报警试验阀、漏斗、压力开关、过滤器、水力警铃等
4	预作用报警装置	ZSU	干式报警器、控制蝶阀（2个）、压力表（2个）、流量表、截止阀、排放阀、注水阀、止回阀、泄放阀、报警试验阀、液压切断阀、装配管、供水检验管、气压开关（2个）、试压电磁阀、应急搬运试压器、漏斗、过滤器、水力警铃等
5	室内消火栓	SN	消火栓箱、消火栓、水枪、水龙带、水龙带接扣、挂架、消防按钮
6	室外消火栓	地上式 SS 地下式 SX	地上式消火栓、法兰接管、弯管底座；地下式消火栓、法兰接管、弯管底座或消火栓三通
7	消防水泵接合器	地上式 SQ 地下式 SQX 墙壁式 SQB	消防接口本体、止回阀、安全阀、闸阀、弯管底座、放水阀；消防接口本体、止回阀、安全阀、闸阀、弯管底座、放水阀；消防接口本体、止回阀、安全阀、闸阀、弯管底座、放水阀、标牌
8	室内消火栓组合卷盘	SN	消火栓箱、消火栓、水枪、水龙带、水龙带接扣、挂架、消防按钮、消防软管卷盘

（6）温感式水幕装置安装，按不同型号和规格以"组"为计量单位；但给水三通至喷头、阀门间管道的主材数量按设计管道中心长度另加损耗计算，喷头数量按设计数量另加损耗计算。

（7）水流指示器、减压孔板安装，按不同规格均以"个"为计量单位。

（8）末端试水装置按不同规格均以"组"为计量单位。

（9）集热板制作安装均以"个"为计量单位。

（10）室内消火栓安装，区分单栓和双栓以"套"为计量单位，所带消防按钮的安装另行计算，成套产品包括的内容详见表3.7。

（11）室内消火栓组合卷盘安装，执行室内消火栓安装定额乘以系数1.2。成套产品包括的内容详见表3.7。

（12）室外消火栓安装，区分不同规格、工作压力和覆土深度，以"套"为计量单位。

（13）消防水泵接合器安装，区分不同安装方式和规格，以"套"为计量单位。如设计要求用短管时，其本身价值可另行计算，其余不变。成套产品包括的内容详见表3.7。

（14）隔膜式气压水罐安装，区分不同规格，以"台"为计量单位。出入口法兰和螺栓按设计规定另行计算。地脚螺栓是按设备带有考虑的，定额中包括指导二次灌浆用工，但二次灌浆费用应按相应定额另行计算。

（15）管道支吊架已综合支架、吊架及防晃支架的制作安装，均以"kg"为计量单位。

（16）自动喷水灭火系统管网水冲洗，区分不同规格以"m"为计量单位。

（17）系统调试执行第七册定额第五章相应项目。

3.3.3.3 火灾自动报警系统

（1）点型探测器按线制的不同分为多线制与总线制，不分规格、型号、安装方式与位置，以"只"为计量单位。探测器安装包括了探头和底座的安装及本体调试。

（2）红外线探测器以"只"为计量单位。红外线探测器是成对使用的，在计算时一对为两只。定额中包括了探头支架安装和探测器的调试、对中。

（3）火焰探测器、可燃气体探测器按线制的不同分为多线制与总线制两种，计算时不分规格、型号、安装方式与位置，以"只"为计量单位。探测器安装包括了探头和底座的安装及本体调试。

（4）线形探测器的安装方式按环绕、正弦及直线综合考虑，不分线制及保护形式，以"m"为计量单位。定额中未包括探测器连接的一只模块和终端，其工程量应按相应定额另行计算。

（5）按钮包括消火栓按钮、手动报警按钮、气体灭火起/停按钮，以"只"为计量单位，按照在轻质墙体和硬质墙体上安装两种方式综合考虑，执行时不得因安装方式不同而调整。

（6）控制模块（接口）是指仅能起控制作用的模块（接口），亦称为中继器，依据其给出控制信号的数量，分为单输出和多输出两种形式。执行时不分安装方式，按照输出数量以"只"为计量单位。

（7）报警模块（接口）不起控制作用，只能起监视、报警作用，执行时不分安装方式，以"只"为计量单位。

（8）报警控制器按线制的不同分为多线制与总线制两种，其中又按其安装方式不同分为壁挂式和落地式。在不同线制、不同安装方式中按照"点"数的不同划分定额项目，以"台"为计量单位。

多线制"点"是指报警控制器所带报警器件（探测器、报警按钮等）的数量。

总线制"点"是指报警控制器所带的有地址编码的报警器件（探测器、报警按钮、模块等）的数量。如果一个模块带数个探测器，则只能计为一点。

（9）联动控制器按线制的不同分为多线制与总线制两种，其中又按其安装方式不同分为壁挂式和落地式。在不同线制、不同安装方式中按照"点"数的不同划分定额项目，以

"台"为计量单位。

多线制"点"是指联动控制器所带联动设备的状态控制和状态显示的数量。

总线制"点"是指联动控制器所带的有控制模块（接口）的数量。

（10）报警联动一体机按线制的不同分为多线制与总线制两种，其中又按其安装方式不同分为壁挂式和落地式。在不同线制、不同安装方式中按照"点"数的不同划分定额项目，以"台"为计量单位。

多线制"点"是指报警联动一体机所带报警器件与联动设备的状态控制和状态显示的数量。

总线制"点"是指报警联动一体机所带的有地址编码的报警器件与控制模块（接口）的数量。

（11）重复显示器（楼层显示器）不分规格、型号、安装方式，按总线制与多线制划分，以"台"为计量单位。

（12）警报装置分为声光报警和警铃报警两种形式，均以"台"为计量单位。

（13）远程控制器按其控制回路数以"台"为计量单位。

（14）火灾事故广播中的功放机、录音机的安装按柜内及台上两种方式综合考虑，分别以"台"为计量单位。

（15）消防广播控制柜是指安装成套消防广播设备的成品机柜，不分规格、型号以"台"为计量单位。

（16）火灾事故广播中有扬声器不分规格、型号，按照吸顶式与壁挂式以"只"为计量单位。

（17）广播分配器是指单独安装的消防广播用分配器（操作盘），以"台"为计量单位。

（18）消防通信系统中的电话交换机按"门"数不同以"台"为计量单位；通信分机、插孔是指消防专用电话分机与电话插孔，不分安装方式，分别以"部"为计量单位。

（19）报警备用电源综合考虑了规格、型号，以"台"为计量单位。

3.3.3.4　消防系统调试

（1）消防系统调试包括：自动报警系统、水灭火系统、火灾事故广播、消防通信系统、消防电梯系统、电动防火门、防火卷帘门、正压送风阀、排烟阀、防火阀控制装置、气体灭火系统装置。

（2）自动报警系统包括各种探测器、报警按钮、报警控制器组成的报警系统，分别按不同点数以"系统"为计量单位，其点数按多线制与总线制报警器的点数计算。

（3）水灭火系统控制装置按照不同点数以"系统"为计量单位，其点数按多线制与总线制联动控制器的点数计算。

（4）火灾事故广播、消防通信系统中的消防广播喇叭、音箱和消防通信的电话分机、电话插孔，按其数量以"个"为计量单位。

（5）消防用电梯与控制中心间的控制调试以"部"为计量单位。

（6）电动防火门、防火卷帘门指可由消防控制中心显示与控制的电动防火门、防火卷帘门，以"处"为计量单位，每樘为一处。

（7）正压送风阀、排烟阀、防火阀以"处"为计量单位，一个阀为一处。

3.3.4　建筑消防工程案例分析

【例3.1】　某三层建筑给水及消防工程如图3.25所示。

（1）消防系统采用消火栓灭火系统，管道为镀锌钢管，螺纹连接。

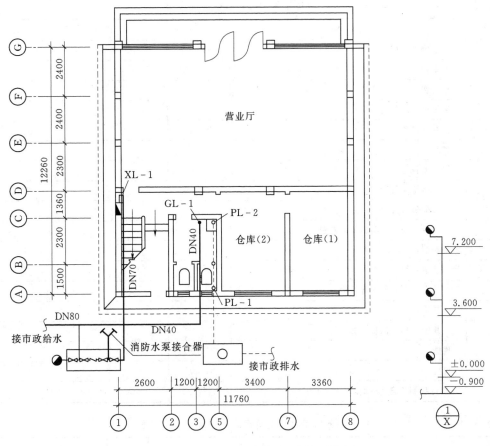

图 3.25 某消防工程给水平面图及系统图

（2）建筑物墙厚 300mm，轴线居中，消防管道井距墙外皮 4.5m，消火栓安装距地 1.5m，消防立管和为 DN70，楼层支管为 DN65，长度为 0.68m。

（3）消火栓采用单栓 DN65，消防水泵接合器采用地下式 DN100，管道支架系数为 0.5kg/m。

试计算工程量，并编制分部分项工程量清单、计算工程造价。

消防工程计量与计价相关计算表格见表 3.8～表 3.19。

表 3.8

清 单 工 程 量 计 算 表

序号	分项工程名称	计算部位	单位	计 算 式	数量
1	镀锌钢管（螺纹）	DN70 干管	m	4.5（引入管）+0.15（半墙厚） +（1.5+2.3+1.36）（A—D轴）-0.15（半墙厚）	9.66
2	镀锌钢管（螺纹）	DN70 立管	m	0.9+7.2+1.5	9.6
3	镀锌钢管（螺纹）	DN65 支管	m	0.68×3	2.04
4	管道消毒、冲洗	DN100 以内	m	19.26+2.04	21.30
5	钢套管制作安装	DN100	个	4	4
6	管道支架制作安装		kg	21.30×0.5	10.65
7	消火栓安装（单栓 DN65）		套	3	3
8	消防水泵接合器安装	地下式 DN100	套	1	1

表 3.9   **单位工程招标控制价汇总表**

序号	汇 总 内 容	金额（元）	其中：暂估价（元）
1	分部分项工程	7319.42	
1.1	人工费	962.28	
1.2	材料费	5786.64	
1.3	施工机具使用费	50.85	
1.4	企业管理费	384.92	
1.5	利润	134.70	
2	措施项目	109.79	—
2.1	单价措施项目费		—
2.2	总价措施项目费	109.79	
2.2.1	其中：安全文明施工措施费	109.79	
3	其他项目		—
3.1	其中：暂列金额		—
3.2	其中：专业工程暂估价		—
3.3	其中：计日工		—
3.4	其中：总承包服务费		—
4	规费	216.93	
5	税金	841.08	—
	招标控制价合计＝1＋2＋3＋4＋5	8487.22	

表 3.10   **分部分项工程和单价措施项目清单与计价表**

序号	项目编码	项目名称	项目特征描述	计量单位	工程量	综合单价	合价	其中：暂估价
			C.9 消防工程				7319.42	
1	030901002001	消火栓钢管	1. 安装部位：室内 2. 材质、规格：镀锌钢管 DN70 3. 连接形式：螺纹连接 4. 压力试验及冲洗设计要求：按规范要求	m	21.30	79.16	1686.11	
2	030901010001	室内消火栓	1. 安装方式：距地 1.5m 暗装 2. 型号、规格：单栓 DN65	套	3.00	947.47	2842.41	
3	031002001001	管道支架	1. 材质：一般管架	kg	11.00	13.53	148.83	
4	031002003001	套管	1. 名称、类型：一般套管 2. 规格：DN100	个	4.00	48.34	193.36	
5	030901012001	消防水泵接合器	1. 安装部位：室外 2. 型号、规格：消防水泵接合器 3. 附件材质、规格：DN150	套	1.00	2448.71	2448.71	
			分部分项合计				7319.42	

表 3.11

综合单价分析表（1）

项目编码	030901002001	项目名称		消火栓钢管				计量单位	m	工程量		79.16

清单综合单价组成明细

定额编号	定额项目名称	定额单位	数量	单价（元）					合价（元）				
				人工费	材料费	机械费	企业管理费	利润	人工费	材料费	机械费	企业管理费	利润
10-165	室内给排水、采暖镀锌钢管（螺纹连接）DN65	10m	0.1	231.66	89.84	3.39	92.66	32.43	23.17	8.98	0.34	9.27	3.24
10-372	管道消毒冲洗 DN100	100m	0.01	52.63	37.04		21.08	7.37	0.53	0.37		0.21	0.07
综合人工工日					小　计				23.7	9.35	0.34	9.48	3.31
0.2925 工日					未计价材料费					32.98			
					清单项目综合单价					79.16			

材料费明细	主要材料名称、规格、型号	单位	数量	单价（元）	合价（元）	暂估单价（元）	暂估合价（元）
	热镀锌钢管 DN65	m	1.02	32.33	32.98		
	室内镀锌钢管接头零件 DN65	个	0.425	19.26	8.19		
	尼龙砂轮片 φ400	片	0.022	8.66	0.19		
	机油	kg	0.013	7.72	0.10		
	厚漆	kg	0.012	8.58	0.10		
	线麻	kg	0.0015	10.29	0.02		
	水泥 32.5级	kg	0.143	0.27	0.04		
	黄砂	m³	0.0004	120.46	0.05		
	镀锌铁丝 13号~17号	kg	0.01	5.15	0.05		
	破布	kg	0.028	6	0.17		
	水	m³	0.018	4.57	0.08		
	水	m³	0.08	4.57	0.37		
	其他材料费			—	—	—	
	材料费小计			—	42.33	—	

表 3.12

综合单价分析表（2）

项目编码	03090101001	项目名称	室内消火栓	计量单位	套	工程量	3

清单综合单价组成明细

定额编号	定额项目名称	定额单位	数量	单价（元）					合价（元）				
				人工费	材料费	机械费	企业管理费	利润	人工费	材料费	机械费	企业管理费	利润
9－53	室内消火栓安装（单栓）DN65	套	1	58.32	7.34	0.32	23.33	8.16	58.32	7.34	0.32	23.33	8.16
综合人工日　　0.72 工日	小　计			58.32	7.34	0.32	23.33	8.16	58.32	7.34	0.32	23.33	8.16
	未计价材料费									850			
	清单项目综合单价										947.47		

材料费明细	主要材料名称、规格、型号	单位	数量	单价（元）	合价（元）	暂估单价（元）	暂估合价（元）
	室内消火栓　单栓 DN65	套	1	850	850		
	棉纱头	kg	0.1	5.57	0.56		
	木方材	m³	0.003	1543.59	4.63		
	砂轮片 φ400	片	0.038	11.58	0.44		
	聚四氟乙烯生料带　宽20	m	1.68	0.3	0.50		
	水泥 32.5级	kg	1.43	0.27	0.39		
	其他材料费	元	0.815	1	0.82		
	其他材料费			—	0.01	—	
	材料费小计			—	857.34	—	

表 3.13　　　　　　　　　　　　　综合单价分析表（3）

项目编码	0310020001001	项目名称	管道支架		计量单位	kg	工程量	11

清单综合单价组成明细

定额编号	定额项目名称	定额单位	数量	单价（元）					合价（元）				
				人工费	材料费	机械费	企业管理费	利润	人工费	材料费	机械费	企业管理费	利润
10-382	管道支架制作	100kg	0.01	193.55	63.09	180.09	77.45	27.09	1.94	0.63	1.8	0.77	0.27
10-383	管道支架安装	100kg	0.01	267.27	22.36	53.64	106.91	37.45	2.67	0.22	0.54	1.07	0.37
综合人工工日	0.0569 工日	小　计							4.61	0.85	2.34	1.84	0.64
		未计价材料费											
		清单项目综合单价							13.53				

材料费明细	主要材料名称、规格、型号	单位	数量	单价（元）	合价（元）	暂估单价（元）	暂估合价（元）
	型钢	kg	1.06	3.06	3.24		
	电焊条 J422 φ3.2	kg	0.0224	3.77	0.08		
	氧气	m³	0.0106	2.83	0.03		
	乙炔气	kg	0.0036	15.44	0.06		
	砂轮片 φ400	片	0.006	11.58	0.07		
	水泥 32.5级	kg	0.1217	0.27	0.03		
	黄砂	m³	0.0002	120.46	0.02		
	棉纱头	kg	0.0099	5.57	0.06		
	水	m³	0.0001	4.57			
	橡胶板 δ=1~15	kg	0.0021	7.72	0.02		
	机油 6号~7号	kg	0.0019	10.72	0.02		
	碎石 5~32mm	m³	0.0002	90.34	0.02		

续表

主要材料名称、规格、型号	单位	数量	单价（元）	合价（元）	暂估单价（元）	暂估合价（元）
普通木成材	m³	0.0001	1372.08	0.14		
厚漆	kg	0.0001	8.58			
尼龙砂轮片　φ100×16×3	片	0.0003	3.26	0.02		
精制六角螺栓	kg	0.005	4.82	0.06		
螺母	kg	0.0105	6.17	0.02		
钢垫圈	kg	0.0042	4.97	0.03		
电焊条　J422 φ3.2	kg	0.0079	3.77	0.01		
氧气	m³	0.0037	2.83	0.02		
乙炔气	kg	0.0013	15.44	0.02		
砂轮片　φ400	片	0.0021	11.58	0.02		
水泥　32.5级	kg	0.0428	0.27	0.01		
黄砂	m³	0.0001	120.46	0.01		
棉纱头	kg	0.0035	5.57	0.02		
橡胶板　δ=1～15	kg	0.0008	7.72	0.01		
机油　6号～7号	kg	0.0007	10.72	0.01		
碎石　5～32mm	m³	0.0001	90.34	0.01		
厚漆	kg	0.0001	8.58			
尼龙砂轮片　φ100×16×3	片	0.0001	3.26	0.01		
精制六角螺栓	kg	0.0018	4.82	0.01		
螺母	kg	0.0037	6.17	0.02		
钢垫圈	kg	0.0015	4.97	0.01		
其他材料费			—		—	
材料费小计			—	4.09	—	

材料费明细

表 3.14

综合单价分析表（4）

项目编码	031002003001	项目名称	套管	计量单位	个	工程量	4

清单综合单价组成明细

定额编号	定额项目名称	定额单位	数量	单价（元）					合价（元）				
				人工费	材料费	机械费	企业管理费	利润	人工费	材料费	机械费	企业管理费	利润
10-399	过墙过楼板钢套管制作、安装 DN100	10个	0.1	203.3	152.5	17.85	81.33	28.45	20.33	15.25	1.79	8.13	2.85
综合人工工日	0.251工日	小计							20.33	15.25	1.79	8.13	2.85
		未计价材料费									48.34		
		清单项目综合单价											

材料费明细	主要材料名称、规格、型号	单位	数量	单价（元）	合价（元）	暂估单价（元）	暂估合价（元）
	水泥 32.5级	kg	0.667	0.27	0.18	—	—
	其他材料费			—	15.07	—	—
	材料费小计			—	15.25	—	—

表 3.15　综合单价分析表 (5)

项目编码	030901012001	项目名称		消防水泵接合器			计量单位	套		工程量		1

清单综合单价组成明细

定额编号	定额项目名称	定额单位	数量	单价（元）					合价（元）				
				人工费	材料费	机械费	企业管理费	利润	人工费	材料费	机械费	企业管理费	利润
9-72	消防水泵接合器安装 地上式 150	套	1	150.66	206.88	9.82	60.26	21.09	150.66	206.88	9.82	60.26	21.09
综合人工工日 1.86 工日				小　计					150.66	206.88	9.82	60.26	21.09
				未计价材料费									
				清单项目综合单价					2448.71				

材料费明细	主要材料名称、规格、型号	单位	数量	单价（元）	合价（元）	暂估单价（元）	暂估合价（元）
	地上式消防水泵接合器 150	套	1	2000	2000		
	热镀锌钢管 DN25	m	0.2	11.62	2.32		
	精制带母镀锌螺栓 带2个垫圈 M20 φ85～100	套	24.72	4.52	111.73		
	砂轮片 φ100	片	0.097	1.29	0.13		
	砂轮片 φ400	片	0.071	11.58	0.82		
	平焊法兰 1.6MPa DN150	片	1	66.54	66.54		
	电焊条 J422 φ3.2	kg	0.29	3.77	1.09		
	破布	kg	0.03	6	0.18		
	棉纱头	kg	0.016	5.57	0.09		
	电	kW·h	0.215	0.76	0.16		
	清油	kg	0.12	13.72	1.65		
	石棉橡胶板 低中压 δ=0.8～6	kg	1.1	11.06	12.17		
	厚漆	kg	0.56	8.58	4.80		
	其他材料费	元	5.2	1	5.20		
	其他材料费			—	-0.01	—	
	材料费小计			—	2206.88	—	

综合单价分析表 (6)

表 3.16

序号	项目编码	项目名称	计 算 基 础	费率 (%)	金额 (元)	调整费率 (%)	调整后金额 (元)	备注
1	031302001001	安全文明施工			80.03			
1.1	1.1	基本费	分部分项工程费+单价措施项目费－分部分项除税工程设备费－单价措施除税工程设备费	1.5	80.03			
1.2	1.2	增加费	分部分项工程设备费+单价措施费－分部分项除税工程设备费－单价措施除税工程设备费					
2	031302002001	夜间施工						
3	031302003001	非夜间施工照明						
4	031302005001	冬雨季施工						
5	031302006001	已完工程及设备保护						
6	031302008001	临时设施						
7	031302009001	赶工措施						
8	031302010001	工程按质论价						
9	031302011001	住宅分户验收						
		合 计			80.03			

表 3.17　　　　　　　　　　　　其他项目清单与计价汇总表

序号	项目名称	金额（元）	结算金额（元）	备注
1	暂列金额			
2	暂估价			
2.1	材料（工程设备）暂估价			
2.2	专业工程暂估价			
3	计日工			
4	总承包服务费			
	合　计			

表 3.18　　　　　　　　　　　　规费、税金项目计价表

序号	项目名称	计算基础	计算基数（元）	计算费率（%）	金额（元）
1	规费		158.14		158.14
1.1	社会保险费	分部分项工程费＋措施项目费＋其他项目费－除税工程设备费	5415.58	2.4	129.97
1.2	住房公积金	分部分项工程费＋措施项目费＋其他项目费－除税工程设备费	5415.58	0.42	22.75
1.3	工程排污费		5415.58	0.1	5.42
2	税金	分部分项工程费＋措施项目费＋其他项目费＋规费－（甲供材料费＋甲供设备费）÷1.01	5573.72	11	613.11
	合　计				771.25

表 3.19　　　　　　　　　　　　承包人供应材料一览表

序号	材料编码	材料名称	规格型号等特殊要求	单位	数量	单价（元）	合价（元）	备注
1	02010106	橡胶板	$\delta=1\sim15$	kg	0.0016	7.72	0.01	
2	02010508	石棉橡胶板	低中压 $\delta=0.8\sim6$	kg	2.20	11.06	24.33	
3	02190109	聚四氟乙烯生料带	宽20	m	1.68	0.30	0.50	
4	02270131	破布		kg	0.2694	6.00	1.62	
5	02290103	线麻		kg	0.0112	10.29	0.12	
6	03050643	精制带母镀锌螺栓	带2个垫圈 M20×85～100	套	49.44	4.52	223.47	
7	03050911	精制六角螺栓		kg	0.0038	4.82	0.02	
8	03090103	螺母		kg	0.0079	6.17	0.05	
9	03130304	钢垫圈		kg	0.0031	4.97	0.02	
10	03210206	砂轮片	$\phi100$	片	0.194	1.29	0.25	
11	03210211	砂轮片	$\phi400$	片	0.1845	11.58	2.14	
12	03210405	尼龙砂轮片	$\phi100\times16\times3$	片	0.0002	3.26	0.00	
13	03210408	尼龙砂轮片	$\phi400$	片	0.1646	8.66	1.43	

续表

序号	材料编码	材料名称	规格型号等特殊要求	单位	数量	单价 (元)	合价 (元)	备注
14	03410206	电焊条	J422 ϕ3.2	kg	0.5968	3.77	2.25	
15	03570225	镀锌铁丝	13号～17号	kg	0.0748	5.15	0.39	
16	04010611	水泥	32.5级	kg	2.5908	0.27	0.70	
17	04030102	黄砂		m³	0.0032	120.46	0.39	
18	04050206	碎石	5～32mm	m³	0.0002	90.34	0.02	
19	05030100	木方材		m³	0.003	1543.59	4.63	
20	05030600	普通木成材		m³	0.0001	1372.08	0.14	
21	11112524	厚漆		kg	1.2099	8.58	10.38	
22	12050311	机油		kg	0.0972	7.72	0.75	
23	12050313	机油	6号～7号	kg	0.0014	10.72	0.02	
24	12060317	清油		kg	0.24	13.72	3.29	
25	12370305	氧气		m³	0.0079	2.83	0.02	
26	12370335	乙炔气		kg	0.0027	15.44	0.04	
27	14030319	热镀锌钢管	DN25	m	0.40	11.62	4.65	
28	15020311	室内镀锌钢管接头零件	DN65	个	3.179	19.26	61.23	
29	17010945	平焊法兰	1.6MPa DN150	片	2.00	66.54	133.08	
30	31110301	棉纱头		kg	0.1394	5.57	0.78	
31	31130106	其他材料费		元	11.215	1.00	11.22	
32	31150101	水		m³	0.1347	4.57	0.62	
33	31150301	电		kW·h	0.43	0.76	0.33	
34	31150301	机械用电力		kW·h	18.26	0.76	13.88	
35	01270101	型钢		kg	0.795	0.00	0.00	
36	14030331	热镀锌钢管	DN65	m	7.6296	0.00	0.00	
37	20030105	室内消火栓	单栓 DN65	套	1.00	0.00	0.00	
38	20050106	地上式消防水泵接合器	150	套	2.00	2000.00	4000.00	

【例3.2】 某写字楼消防工程采用喷淋管道系统图和平面图如图3.26和图3.27所示。

（1）喷淋系统给水管道采用镀锌钢管，管径不小于DN100的喷淋管为卡箍连接，管径小于DN100的喷淋管为螺纹连接。

（2）管道冲洗合格后安装喷头，喷头在安装时距墙、柱、遮挡物的距离严格按安装施工规范的要求进行。

（3）ZSTX-15A下垂型快速响应玻璃球洒水喷头规格为DN15（有吊顶）、动作温度68℃，DN100信号阀、DN100水流指示器采用卡箍法兰连接，法兰盘材质为碳钢。

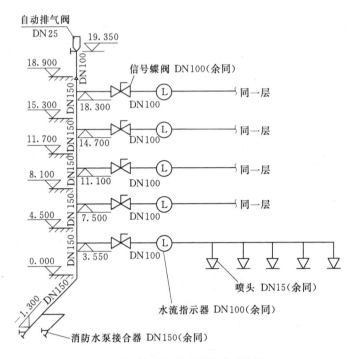

图 3.26 某写字楼喷淋管道系统图

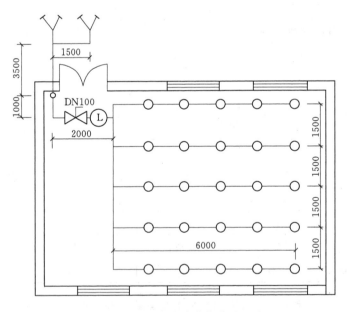

图 3.27 某写字楼喷淋管道平面图

（4）管网安装完毕后，进行强度试验和严密性试验。

（5）所有消防管道均刷红色调和漆两遍。

（6）管道部分只有计算 DN150、DN100 镀锌钢管。

试计算工程量，并编制分部分项工程量清单、计算工程造价。

消防工程计量与计价相关计算表格见表 3.20～表 3.33。

表 3.20   清 单 工 程 量 计 算 表

序号	分项工程名称	计算部位	单位	计 算 式	数量
1	镀锌钢管（沟槽）	DN150	m	3.5＋1.5＋18.9＋1.3	25.20
2	镀锌钢管（沟槽）	DN100	m	(1＋2＋6×4＋1.5×4)×5＋(19.35－18.9)	165.45
3	管道刷油	红色调和漆2遍	m²	0.133×3.14×25.2＋0.108×3.14×165.45	68.72
4	喷头	DN15	个	25×5	125.00
5	报警装置	信号蝶阀DN100	个	5	5.00
6	报警装置	自动排气阀	个	1	1.00
7	水流指示器	DN100	个	5	5.00
8	消防水泵接合器安装	室外DN150	套	2	2.00

表 3.21   单位工程招标控制价汇总表

序号	汇 总 内 容	金额（元）	其中：暂估价（元）
1	分部分项工程	36165.09	
1.1	人工费	6696.61	
1.2	材料费	25466.93	
1.3	施工机具使用费	386.94	
1.4	企业管理费	2678.62	
1.5	利润	937.44	
2	措施项目	542.48	—
2.1	单价措施项目费		—
2.2	总价措施项目费	542.48	
2.2.1	其中：安全文明施工措施费	542.48	
3	其他项目		—
3.1	其中：暂列金额		—
3.2	其中：专业工程暂估价		—
3.3	其中：计日工		—
3.4	其中：总承包服务费		—
4	规费	1071.86	—
5	税金	4155.74	—
招标控制价合计＝1＋2＋3＋4＋5		41935.17	

表 3.22 分部分项工程和单价措施项目清单与计价表

序号	项目编码	项目名称	项目特征描述	计量单位	工程量	金额（元）		
						综合单价	合价	其中：暂估价
			C.9 消防工程				36165.09	
1	030901001001	水喷淋钢管	1. 安装部位：室内 2. 材质、规格：镀锌钢管DN150 3. 连接形式：卡箍连接 4. 压力试验及冲洗设计要求：按规范要求	m	25.20	125.07	3151.76	
2	030901001002	水喷淋钢管	1. 安装部位：室内 2. 材质、规格：镀锌钢管DN100 3. 连接形式：卡箍连接 4. 压力试验及冲洗设计要求：按规范要求	m	165.45	81.17	13429.58	
3	031201001001	管道刷油	1. 油漆品种：红色调和漆 2. 涂刷遍数、漆膜厚度：2 遍	m²	68.72	8.01	550.45	
4	030901003001	水喷淋（雾）喷头	1. 安装部位：室内顶板下 2. 材质、型号、规格：ZSTX-15A 下垂型快速响应玻璃球洒水喷头 3. 连接形式：有吊顶	个	125.00	58.46	7307.50	
5	031003001001	螺纹阀门	1. 类型：信号蝶阀 2. 规格、压力等级：DN100	个	5.00	436.29	2181.45	
6	031003001002	螺纹阀门	1. 类型：自动排气阀 2. 规格、压力等级：DN25	个	1.00	76.48	76.48	
7	030901006001	水流指示器	1. 规格、型号：DN100 2. 连接形式：卡箍法兰连接	个	5.00	914.09	4570.45	
8	030901012001	消防水泵接合器	1. 安装部位：室外 2. 型号、规格：消防水泵接合器 3. 附件材质、规格：DN150	套	2.00	2448.71	4897.42	
			分部分项合计				36165.09	

表 3.23

综合单价分析表 (1)

项目编码	030901001001	项目名称	水喷淋钢管	计量单位	m	工程量	25.2

清单综合单价组成明细

定额编号	定额项目名称	定额单位	数量	单价（元）					合价（元）				
				人工费	材料费	机械费	企业管理费	利润	人工费	材料费	机械费	企业管理费	利润
9-19	镀锌钢管安装（沟槽式管件连接）DN150	10m	0.1	260.82	6.55	14.64	104.33	36.51	26.08	0.66	1.46	10.43	3.65
综合人工工日		小 计							26.08	0.66	1.46	10.43	3.65
0.322 工日		未计价材料费								82.78			
		清单项目综合单价								125.07			

材料费明细	主要材料名称、规格、型号	单位	数量	单价（元）	合价（元）	暂估单价（元）	暂估合价（元）
	热镀锌钢管 DN150	m	1.022	81	82.78		
	砂轮片 φ200	片	0.001	11.15	0.01		
	尼龙砂轮片 φ100×16×3	片	0.012	3.26	0.04		
	氧气	m³	0.04	2.83	0.11		
	乙炔气	kg	0.0143	15.44	0.22		
	水	m³	0.038	4.57	0.17		
	其他材料费	元	0.097	1	0.10		
	其他材料费			—		—	
	材料费小计			—	83.44		

表 3.24

综合单价分析表 （2）

项目编码	0309901001002	项目名称	水喷淋钢管	计量单位	m	工程量	165.45

清单综合单价组成明细

定额编号	定额项目名称	定额单位	数量	单价（元）					合价（元）				
				人工费	材料费	机械费	企业管理费	利润	人工费	材料费	机械费	企业管理费	利润
9-17	镀锌钢管安装（沟槽式管件连接）DN100	10m	0.1	188.73	4.63	12.22	75.49	26.42	18.87	0.46	1.22	7.55	2.64
综合人工日				小计					18.87	0.46	1.22	7.55	2.64
0.233工日				未计价材料费						50.43			
				清单项目综合单价					81.17				

材料费明细	主要材料名称、规格、型号	单位	数量	单价（元）	合价（元）	暂估单价（元）	暂估合价（元）
	热镀锌钢管 DN100	m	1.022	49.34	50.43	—	—
	砂轮片 φ200	片	0.001	11.15	0.01		
	尼龙砂轮片 φ100×16×3	片	0.008	3.26	0.03		
	氧气	m³	0.024	2.83	0.07		
	乙炔气	kg	0.0086	15.44	0.13		
	水	m³	0.031	4.57	0.14		
	其他材料费	元	0.083	1	0.08		
	其他材料费						
	材料费小计				50.89		

综合单价分析表 (3)

表 3.25

项目编码	03120101001001	项目名称	管道刷油	计量单位	m²	工程量	68.72

清单综合单价组成明细

定额编号	定额项目名称	定额单位	数量	单价（元）					合价（元）				
				人工费	材料费	机械费	企业管理费	利润	人工费	材料费	机械费	企业管理费	利润
11-60	管道刷油调和漆 第一遍	10m²	0.1	19.44	1		7.78	2.72	1.94	0.1		0.78	0.27
11-61	管道刷油调和漆 第二遍	10m²	0.1	18.63	1		7.45	2.61	1.86	0.1		0.75	0.26
综合人工工日	0.047 工日			小　计					3.8	0.2		1.53	0.53
				未计价材料费							1.95		
				清单项目综合单价							8.01		

材料费明细	主要材料名称、规格、型号	单位	数量	单价（元）	合价（元）	暂估单价（元）	暂估合价（元）
	第一遍调和漆	kg	0.105	9.86	1.04	—	—
	第一遍汽油	kg	0.011	9.12	0.10	—	—
	第二遍调和漆	kg	0.093	9.86	0.92	—	—
	第二遍汽油	kg	0.011	9.12	0.10	—	—
	其他材料费			—	2.16		
	材料费小计			—	2.16		

表 3.26

综合单价分析表 （4）

项目编码	030901003001		项目名称	水喷淋（雾）喷头			计量单位	个	工程量	125

清单综合单价组成明细

定额编号	定额项目名称	定额单位	数量	单价（元）					合价（元）				
				人工费	材料费	机械费	企业管理费	利润	人工费	材料费	机械费	企业管理费	利润
9-25	喷头安装 有吊顶 DN15	10个	0.1	119.88	42.74	3.79	47.95	16.78	11.99	4.27	0.38	4.8	1.68
综合人工工日				小 计					11.99	4.27	0.38	4.8	1.68
0.148 工日				未计价材料费					35.35				
				清单项目综合单价					58.46				

材料费明细

主要材料名称、规格、型号	单位	数量	单价（元）	合价（元）	暂估单价（元）	暂估合价（元）
消防喷头 （有吊顶 DN15）	个	1.01	35	35.35	—	—
棉纱头	kg	0.01	5.57	0.06		
机油	kg	0.0066	7.72	0.05		
工业酒精 99.5%	kg	0.005	6.86	0.03		
聚四氟乙烯生料带 宽20	m	0.899	0.3	0.27		
镀锌弯头 DN25	个	0.606	2.7	1.64		
镀锌丝堵 DN15	个	0.1	0.93	0.09		
镀锌管箍 DN25	个	1.01	1.93	1.95		
砂轮片 φ400	片	0.016	11.58	0.19		
其他材料费			—		—	
材料费小计			—	39.62		—

表 3.27

综合单价分析表（5）

项目编码	031003001001	项目名称		螺纹阀门		计量单位	个	工程量		5

清单综合单价组成明细

定额编号	定额项目名称	定额单位	数量	单价（元）					合价（元）				
				人工费	材料费	机械费	企业管理费	利润	人工费	材料费	机械费	企业管理费	利润
10-426	信号蝶阀	个	1	74.52	74.08		29.81	10.43	74.52	74.08		29.81	10.43
综合人工工日				小 计					74.52	74.08		29.81	10.43
0.92 工日				未计价材料费					247.45				
				清单项目综合单价					436.29				

材料费明细	主要材料名称、规格、型号	单位	数量	单价（元）	合价（元）	暂估单价（元）	暂估合价（元）
	信号蝶阀　DN100	个	1.01	245	247.45		
	镀锌活接头　DN100	个	1.01	71.55	72.27		
	厚漆	kg	0.04	8.58	0.34		
	机油	kg	0.024	7.72	0.19		
	线麻	kg	0.006	10.29	0.06		
	橡胶板　δ=1~15	kg	0.037	7.72	0.29		
	棉纱头	kg	0.052	5.57	0.29		
	砂纸	张	0.52	0.94	0.49		
	钢锯条	根	0.7	0.21	0.15		
	其他材料费			—	0.01	—	
	材料费小计			—	321.53	—	

表3.28

综合单价分析表（6）

项目编码	031003001002	项目名称	螺纹阀门	计量单位	个	工程量	32

清单综合单价组成明细

定额编号	定额项目名称	定额单位	数量	单价（元）					合价（元）				
				人工费	材料费	机械费	企业管理费	利润	人工费	材料费	机械费	企业管理费	利润
10-487	自动排气阀 DN25	个	1	21.06	12.05		8.42	2.95	21.06	12.05		8.42	2.95
综合人工工日													
0.26工日	小计			21.06	12.05		8.42	2.95	21.06	12.05		8.42	2.95
	未计价材料费												
	清单项目综合单价								76.48				

材料费明细	主要材料名称、规格、型号	单位	数量	单价（元）	合价（元）	暂估单价（元）	暂估合价（元）
	自动排气阀 DN25	个	1	32	32		
	镀锌管箍 DN25	个	2.02	1.93	3.90		
	镀锌弯头 DN25	个	1.01	2.7	2.73		
	镀锌丝堵 DN25	个	1.01	1.66	1.68		
	精制六角螺母 M8	十个	0.206	0.6	0.12		
	钢垫圈 M8.5	十个	0.206	0.01			
	等边角钢 ∟60×5	kg	0.65	3.4	2.21		
	圆钢 φ8～14	kg	0.21	3.42	0.72		
	水泥 32.5级	kg	0.5	0.27	0.14		
	厚漆	kg	0.027	8.58	0.23		
	棉纱头	kg	0.04	5.57	0.22		
	机油	kg	0.009	7.72	0.07		
	线麻	kg	0.002	10.29	0.02		
	钢锯条	根	0.06	0.21	0.01		
	其他材料费			—		—	
	材料费小计			—	44.05	—	

表 3.29

综合单价分析表 (7)

项目编码	03090100 6001	项目名称	水流指示器	计量单位	个	工程量	5

清单综合单价组成明细

定额编号	定额项目名称	定额单位	数量	单价（元）					合价（元）				
				人工费	材料费	机械费	企业管理费	利润	人工费	材料费	机械费	企业管理费	利润
9－42	水流指示器 安装法兰连接 DN100	个	1	92.34	30.71	16.17	36.94	12.93	92.34	30.71	16.17	36.94	12.93
综合人工工日	1.14 工日	小计							92.34	30.71	16.17	36.94	12.93
		未计价材料费							725				
		清单项目综合单价						914.09					

材料费明细

主要材料名称、规格、型号	单位	数量	单价（元）	合价（元）	暂估单价（元）	暂估合价（元）
水流指示器 DN100	套	1	450	450		
平焊法兰 DN100	片	2.2	125	275		
电焊条 J422 φ3.2	kg	0.564	3.77	2.13		
棉纱头	kg	0.052	5.57	0.29		
破布	kg	0.12	6	0.72		
电	kW·h	0.162	0.76	0.12		
清油	kg	0.08	13.72	1.10		
石棉橡胶板 低中压 δ＝0.8～6	kg	0.692	11.06	7.65		
砂轮片 φ100	片	0.128	1.29	0.17		
砂轮片 φ400	片	0.057	11.58	0.66		
厚漆	kg	0.4	8.58	3.43		
带母螺栓	kg	3.032	4.68	14.19		
铝牌	个	1	0.25	0.25		
其他材料费			—		—	
材料费小计			—	755.71	—	

表 3.30

综合单价分析表 (8)

项目编码	030901012001	项目名称	消防水泵接合器		计量单位	套	工程量	2

清单综合单价组成明细

定额编号	定额项目名称	定额单位	数量	单价（元）					合价（元）				
				人工费	材料费	机械费	企业管理费	利润	人工费	材料费	机械费	企业管理费	利润
9-72	消防水泵接合器安装 地上式150	套	1	150.66	206.88	9.82	60.26	21.09	150.66	206.88	9.82	60.26	21.09
综合人工工日	1.86 工日		小　计	150.66	206.88	9.82	60.26	21.09	150.66	206.88	9.82	60.26	21.09
			未计价材料费								2000		
		清单项目综合单价										2448.71	

材料费明细	主要材料名称、规格、型号	单位	数量	单价（元）	合价（元）	暂估单价（元）	暂估合价（元）
	地上式消防水泵接合器 150	套	1	2000	2000	—	—
	热镀锌钢管 DN25	m	0.2	11.62	2.32		
	精制带母镀锌螺栓 带2个垫圈 M20×85~100	套	24.72	4.52	111.73		
	砂轮片 φ100	片	0.097	1.29	0.13		
	砂轮片 φ400	片	0.071	11.58	0.82		
	平焊法兰 1.6MPa DN150	kg	1	66.54	66.54		
	电焊条 J422 φ3.2	kg	0.29	3.77	1.09		
	破布	kg	0.03	6	0.18		
	棉纱头	kg	0.016	5.57	0.09		
	电	kW·h	0.215	0.76	0.16		
	清油	kg	0.12	13.72	1.65		
	石棉橡胶板 低中压 δ=0.8~6	kg	1.1	11.06	12.17		
	厚漆	kg	0.56	8.58	4.80		
	其他材料费	元	5.2	1	5.20		
	其他材料费			—	-0.01	—	
	材料费小计			—	2206.88		

表 3.31

总价措施项目清单与计价表

序号	项目编码	项目名称	计算基础	费率（%）	金额（元）	调整费率（%）	调整后金额（元）	备注
1	031302001001	安全文明施工			542.48			
1.1	1.1	基本费	分部分项工程费+单价措施项目费-分部分项除税工程设备费-单价措施除税工程设备费	1.5	542.48			
1.2	1.2	增加费	分部分项工程费+单价措施项目费-分部分项除税工程设备费-单价措施除税工程设备费					
2	031302002001	夜间施工						
3	031302003001	非夜间施工照明						
4	031302005001	冬雨季施工						
5	031302006001	已完工程及设备保护						
6	031302008001	临时设施						
7	031302009001	赶工措施						
8	031302010001	工程按质论价						
9	031302011001	住宅分户验收						
	合 计				542.48			

表 3.32   其他项目清单与计价汇总表

序号	项目名称	金额	结算金额	备注
1	暂列金额			
2	暂估价			
2.1	材料（工程设备）暂估价			
2.2	专业工程暂估价			
3	计日工			
4	总承包服务费			
	合 计			

表 3.33   规费、税金项目计价表

序号	项目名称	计 算 基 础	计算基数（元）	计算费率（%）	金额（元）
1	规费		1071.86		1071.86
1.1	社会保险费	分部分项工程费＋措施项目费＋其他项目费－除税工程设备费	36707.57	2.4	880.98
1.2	住房公积金		36707.57	0.42	154.17
1.3	工程排污费		36707.57	0.1	36.71
2	税金	分部分项工程费＋措施项目费＋其他项目费＋规费－（甲供材料费＋甲供设备费）÷1.01	37779.43	11	4155.74
	合 计				5227.60

复 习 思 考 题

1. 消火栓管道和自动喷水灭火系统管道安装都使用《全国统一安装工程预算定额》第七册"水灭火系统"定额吗？

2. 水灭火管道系统中的带电信号的水流指示器、压力开关、泄露报警开关等，如何套用定额？

3. 水灭火系统管网的一次性水压试验，能套用管网冲洗定额吗？水灭火管道安装定额包括强度试验、严密性试验吗？需要另外计算吗？

4. 计算消防水泵接合器的安装工程量时，该如何列项？

5. 火灾自动报警系统中各种设备、元件安装时，所进行的校线、接线及本体调试等工作，需要另外列项计算吗？

6. 试根据本地现行预算定额及现行材料、设备市场价格，计算消防水泵接合器和报警装置的综合单价。

项目 4 建筑供暖工程计量与计价

本章要点：

熟悉建筑供暖工程基本知识；掌握建筑供暖工程施工图识图方法；熟悉建筑供暖工程定额和清单，并学会应用。掌握建筑供暖工程工程量计算规则；掌握建筑供暖工程清单的编制和计价方法。

4.1 建筑供暖工程基础知识

4.1.1 建筑供暖系统的组成和分类

4.1.1.1 供暖系统的组成

供暖系统主要由热源、输热管道和散热设备三个部分组成。

（1）热源。使燃料燃烧产生热，将热媒加热成热水或蒸汽的部分，如锅炉房、热交换站等。

（2）输热管道。供热管道是指热源和散热设备之间的连接管道，将热媒输送到各个散热设备。

（3）散热设备。将热量传至所需空间的设备，如散热器、暖风机等。

4.1.1.2 供暖系统的分类

1. 按供暖热媒种类分

（1）热水供暖系统。以热水为热媒的供暖系统称为热水供暖系统。当供水温度小于100℃时，为低温热水供暖系统；当供水温度大于等于100℃时，为高温热水供暖系统。

（2）蒸汽供暖系统。以蒸汽为热媒的供暖系统称为蒸汽供暖系统。根据蒸汽压力不同可分为高压蒸汽供暖系统（压力大于 0.07MPa）、低压蒸汽供暖系统（压力小于等于0.07MPa）和真空蒸汽供暖系统（压力小于大气压）。

（3）热风供暖系统。以空气为热媒的供暖系统称为热风供暖系统。根据送风加热装置安设位置不同，分为集中送风供暖系统、暖风机供暖系统和空气幕供暖系统。

2. 按供暖区域分

（1）局部供暖系统。热源、管道系统和散热设备在构造上联成一个整体，分散设置在各个房间里，仅为设施所在的局部区域供暖的供暖系统，称为局部供暖系统。如火炉、火墙、火炕、电红外线供暖等均属于局部供暖。

（2）集中供暖系统。热源和散热设备分别设置，用热媒管道连接，由热源向各个房间或各个建筑物供给热量的供暖系统，称为集中供暖系统。

（3）区域供暖系统。以区域锅炉房或热电厂为热源，向数栋建筑或区域供暖的系统称为区域供暖系统。

3. 按运行时间分

(1) 连续供暖。全天运行，保持房间温度全天达到设计要求。

(2) 间歇供暖。部分时间运行，保持房间使用时间内温度达到设计要求。

(3) 值班供暖。非工作时间，使建筑物保持最低室温要求的供暖方式。

4. 按散热方式分

(1) 对流供暖。利用空气受热所形成的自然对流，使房间温度上升。主要设备有散热器、暖风机等。

(2) 辐射供暖。利用受热面释放热射线，将室内空气加热。主要设备有辐射散热器、辐射地板、燃气辐射供暖器等。

4.1.2 建筑供暖系统常用材料和设备

4.1.2.1 管道

通常建筑供暖管道采用普通无缝钢管和镀锌钢管，也可以采用塑料管，常用的塑料管有交联聚乙烯塑料管、交联铝塑复合管、聚丁烯管、改性聚丙烯管。

4.1.2.2 散热器

供暖系统的热媒（蒸汽或热水），通过散热设备的壁面，主要以自然对流传热方式（对流传热量大于辐射传热量）向房间传热，这种散热设备通称为散热器，是目前我国大量使用的散热设备。

散热器的种类繁多，按其制造材质的主要分为铸铁、钢铸和铝制三种；按其结构形状可分为管型、翼型、柱型、平板型和串片式等。

1. 铸铁散热器

铸铁散热器有翼型（图4.1）和柱型（图4.2）两种型式。铸铁散热器结构简单，耐腐蚀，使用寿命长，造价低；但金属耗量大，承压能力较低，制造、安装和运输劳动繁重。

图4.1 铸铁长翼型散热器　　　　　图4.2 铸铁柱型散热器

2. 钢制散热器

钢制散热器与铸铁散热器相比具有金属耗量少、耐压强度高、外形美观整洁、体积小、占地少、易于布置等优点，但易受腐蚀，使用寿命短，多用于高层建筑和高温水供暖系统中，不能用于蒸汽供暖系统，也不宜用于湿度较大的供暖房间内。

钢制散热器的主要形式有闭式钢串片散热器（图4.3）、板式散热器（图4.4）、钢扁管散热器（图4.5）、钢制柱式散热器（图4.6）、钢制翅片管型散热器（图4.7）等。

图 4.3　闭式钢串片散热器　　　　　　图 4.4　板式散热器

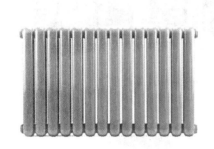

图 4.5　钢扁管散热器　　　图 4.6　钢制柱式散热器　　　图 4.7　钢制翅片管型

3. 铝合金散热器

　　铝合金散热器是近年来我国工程技术人员在总结吸收国内外经验的基础上，潜心开发的一种新型、高效散热器。其造型美观大方，线条流畅，占地面积小，富有装饰性；质量约为铸铁散热器的十分之一，便于运输安装；其金属热强度高，约为铸铁散热器的六倍；节省能源，采用内防腐处理技术。

4.1.2.3　膨胀水箱

　　膨胀水箱的作用是用来储存热水供暖系统加热的膨胀水量，在自然循环上供下回式系统中，还起着排气作用。膨胀水箱的另一作用是恒定供暖系统的压力。

　　膨胀水箱一般用钢板制成，通常是圆形（图4.8）或矩形。图4.9为膨胀水箱管道示意图，水箱上连有膨胀管、溢流管、信号管、排水管及循环管等管路。

4.1.2.4　暖风机

　　暖风机供暖是靠强迫对流来加热周围的空气，与一般散热器供暖相比，它作用范围大，散热量大，但消耗电能较多，维护管理复杂，费用高。

　　暖风机供暖的主要设备，是由风机、电动机、空气加热器、吸风口和送风口等组成的通风供暖联合机组。由于暖风机具有加热空气和传输空气两种功能，因此省去了敷设大型风管的麻烦。图 4.10 为轴流式暖风机，图 4.11 为离心式暖风机。

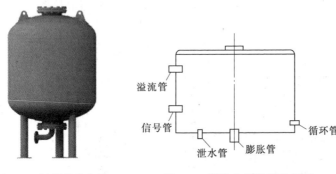

图 4.8 圆形膨胀水箱 图 4.9 膨胀水箱管道示意图

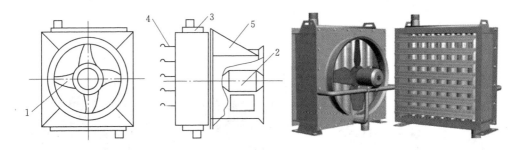

图 4.10 轴流式暖风机

1—轴流式风机；2—支架；3—加热器；4—百叶片；5—电动机

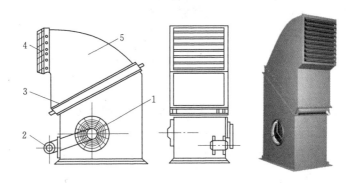

图 4.11 离心式暖风机

1—离心式风机；2—电动机；3—加热器；4—导流叶片；5—外壳

4.1.2.5 空气幕

空气幕是利用条形空气分布器喷出一定速度和温度的幕状气流，具有隔热、隔冷、隔尘作用，如图 4.12 所示。空气幕按送风方向可分为上送风、下送风和侧送风，其中上送风空气幕应用最为广泛。

4.1.2.6 排气装置

排气设备是及时排除供暖系统中空气的重要设备，在不同的系统中可以用不同的排气设备。在机械循环上供下回式系统中，可用集气罐（图 4.13）、自动排气阀（罐）（图 4.14）和手动排气阀（图 4.15）来排除系统中的空气，且装在系统末端最高点。

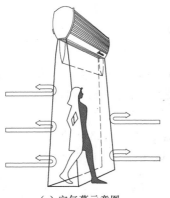

（a）空气幕示意图

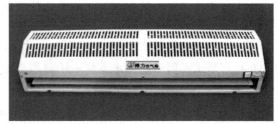

（b）空气幕设备

图 4.12 空气幕

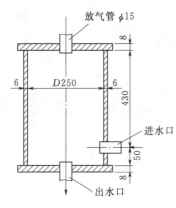

（a）立式集气罐

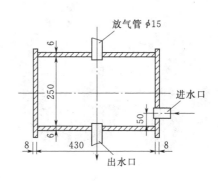

（b）卧式集气罐

图 4.13 集气罐（单位：mm）

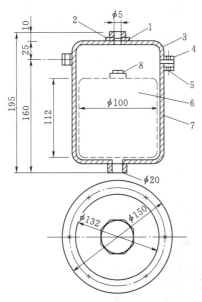

图 4.14 自动排气罐（单位：mm）

1—排气口；2—橡胶石棉垫；3—罐盖；4—螺栓；
5—橡胶石棉垫；6—浮体；7—罐体；8—耐热橡胶

排气阀一般都安在暖气片的顶端
位置，像个小螺丝，放气时将它拧开。

操作程序：
轻轻拧松排气阀，听到
排气声立即停止扭动排气
阀，直到有稳定水流流出，
然后将排气阀再拧紧。

图 4.15 手动排气阀

4.1.2.7　供暖系统附件

供暖系统附件指疏水器、减压阀、除污器、补偿器、阀门、压力表、温度计、支架等。

1. 疏水器

疏水器（图4.16）的作用是自动而且迅速地排出用热设备及管道中的凝水，并能阻止蒸汽逸漏，在排出凝水的同时，排出系统中积留的空气和其他非凝性气体。

2. 除污器

除污器（图4.17）是一种钢制筒体，它可用来截流、过滤管路中的杂质和污物，以保证系统内水质洁净，减少阻力，防止堵塞压板及管路。除污器一般应设置于供暖系统入口调压装量前、锅炉房循环水泵的吸入口前和热交换设备入口前。

　　　　　图4.16　疏水器　　　　　　　　　　　　　　图4.17　除污器

3. 减压阀

减压阀（图4.18）靠启闭阀孔对蒸汽进行节流达到减压的目的。减压阀应能自动地将阀后压力维持在一定范围内，工作时无振动，完全关闭后不漏汽。

4. 散热器温控阀

散热器温控阀是一种自动控制散热器散热量的设备，它由阀体部分和感温元件部分组成，如图4.19所示。当室内温度高于给定的温度值时，感温元件受热，其顶杆压缩阀杆，将阀口关小，进入散热器的水流量会减小，散热器的散热量也会减小，室温随之降低。当室

　　图4.18　波纹管减压阀　　　　图4.19　散热器温控阀

温下降到设置的低限值时，感温元件开始收缩，阀杆靠弹簧的作用拾起，阀孔开大，水流量增大，散热器散热量也随之增加，室温开始升高。

4.2 建筑供暖工程施工图识图

4.2.1 建筑供暖工程常用图例

建筑供暖工程常用图例见 2.2.1 建筑给排水施工图常用图例（图 2.4～图 2.8）。

4.2.2 图纸组成和识图方法

采暖工程施工图由采暖工程设计说明、采暖工程平面图、采暖工程系统图、节点大样图等几部分组成。平面图表示建筑物各层采暖供回水管道与散热器的平面布置。一般采暖平面图包括首层、标准层和顶层平面图；系统图表示采暖系统的空间以及各层间、前后左右之间的关系。在系统图上要标明管道标高、管段直径、坡度、穿越门柱的方法，以及立管与散热器的连接方法等；详图表示散热器安装的具体尺寸，如采用标准图，可不必出详图，只需注明采用的标准图图号。具体识读思路如下：

（1）阅读设计总说明，明确设计标准、设计内容及有关施工要求。

（2）将采暖工程施工图的平面图和系统图对照识读，从供水入口，沿水流方向按干管、立管、支管的顺序读到散热器；再从散热器开始，按回水支管、立管、干管的顺序读到回水出口止。

4.3 建筑供暖工程计量与计价

4.3.1 建筑供暖工程定额及应用

《全国统一安装工程预算定额》第八册《给排水、采暖、燃气工程》适用于新建、改建工程中的生活用给水、排水、燃气、采暖热源管道以及附件配件安装、小型容器制作安装。

根据《××省安装工程消耗量定额》，采暖工程常用定额项目详见表 4.1。

表 4.1   采暖工程常用定额项目表

章　名　称	节　名　称	分项工程列项
第一章　采暖管道安装	一、室内管道	1. 镀锌钢管（螺纹连接）
		2. 焊接钢管（螺纹连接）
		3. 钢管（焊接）
		4. 低压钢管（氧-乙炔焊接）
		5. 低压钢管（螺纹连接）
		6. 薄壁不锈钢管（氩弧焊接）
		7. 薄壁不锈钢管（卡压式连接）
		8. 楼地面内敷设管
	二、管道消毒冲洗及压力试验	1. 管道消毒、冲洗
		2. 管道压力试验
	三、穿墙及过楼板套管	1. 镀锌铁皮套管制作
		2. 钢管套管制作安装

续表

章　名　称	节　名　称	分项工程列项
第一章　采暖管道安装	三、穿墙及过楼板套管	3. 塑料套管制作安装
		4. 带填料塑料套管制作安装
		5. 阻火圈安装
	四、管道支架制作、安装	一般管架制作安装
第二章　阀门及法兰安装	一、阀门安装	1. 螺纹阀
		2. 螺纹法兰阀
		3. 焊接法兰阀
		4. 法兰阀（带短管甲、乙）青铅接口
		5. 法兰阀（带短管甲、乙）石棉接口
		6. 法兰阀（带短管甲、乙）膨胀接口
		7. 螺纹锁闭阀（直通型或角型）
		8. 螺纹温控阀（直通型或角型）
		9. 螺纹温控阀（三通型）
		10. 法兰温控阀
		11. 自动排气阀、手动放风阀
	二、法兰安装	1. 铸铁法兰（螺纹连接）
		2. 碳钢法兰（焊接）
第四章　供热器具安装	一、铸铁散热器组成、安装	
	二、光排管散热器制作、安装	1. A 型（2～4m）
		2. A 型（4.5～6m）
		3. B 型（2～4m）
		4. B 型（4.5～6m）
	三、钢制闭式散热器安装	
	四、钢制板式散热器安装	
	五、钢制壁式散热器安装	
	六、钢制柱式散热器安装	
	七、高频焊翅片管散热器安装	
	八、多柱式钢管散热器安装	
	九、暖风机安装	
	十、热空气幕安装	
	十一、低温地板辐射采暖及分集水器安装	1. 低温地板辐射采暖管安装
		2. 分集水器安装
	十二、地源热泵机组安装	
第五章　水暖器具组成与安装	一、低压器具、水表组成与安装	1. 减压器组成、安装
		（1）减压器（螺纹安装）
		（2）减压器（焊接）

续表

章　名　称	节　名　称	分项工程列项
第五章　水暖器具组成与安装	一、低压器具、水表组成与安装	2. 疏水器组成、安装
		（1）疏水器（螺纹安装）
		（2）疏水器（焊接）
		3. 水表组成、安装
		（1）螺纹水表
		（2）焊接法兰水表（带旁通管及止回阀）
		（3）远传水表
		（4）IC 卡水表
	二、伸缩器制作、安装	1. 螺纹连接法兰式套管筒伸缩器安装
		2. 螺纹法兰式套管筒伸缩器安装
		3. 波纹伸缩安装（法兰连接）
		4. 方形伸缩器制作、安装
		（1）摵制
		（2）机械摵弯
		（3）压制弯头组成
	三、集气罐制作、安装	1. 集气罐制作
		2. 集气罐安装
	四、用户热量表组成、安装	

4.3.2　建筑供暖工程清单及应用

采暖、给排水设备工程量清单项目设置、项目特征描述的内容、计量单位及工程量计算规则，应按表 4.2 规定执行。

表 4.2　　　　采暖、给排水设备工程量清单项目设置及工程量计算规则

项目编码	项目名称	项目特征	计量单位	工程量计算规则	工作内容
031006001	变频给水设备	1. 设备名称 2. 型号、规格 3. 水泵主要技术参数 4. 附件名称、规格、数量 5. 减震装置形式	套	按设计图示数量计算	1. 设备安装 2. 附件安装 3. 调试 4. 减震装置制作安装
031006002	稳压给水设备				
031006003	无负压给水设备				
031006004	气压罐	1. 型号、规格 2. 安装方式	台		1. 安装 2. 调试
031006005	太阳能集热装置	1. 型号、规格 2. 安装方式 3. 附件名称、规格、数量	套		1. 安装 2. 附件安装
031006006	地源（水源、气源）热泵机组	1. 型号、规格 2. 安装方式 3. 减震装置形式	组		1. 安装 2. 减震装置制作安装

续表

项目编码	项目名称	项目特征	计量单位	工程量计算规则	工作内容
031006007	水处理器	1. 类型 2. 型号、规格			安装
031006012	热水器、开水炉	1. 能源种类 2. 型号、容积 3. 安装方式	台	按设计图示 数量计算	1. 安装 2. 附件安装
031006015	水箱	1. 材质、类型 2. 型号、规格			1. 制作 2. 安装

注：1. 变频给水设备、稳压给水设备、无负压给水设备安装具体说明如下：
　　(1) 压力容器包括气压罐、稳压罐、无负压罐。
　　(2) 水泵包括主泵及备用泵，应注明数量。
　　(3) 附件包括给水装置中配备的阀门、仪表、软接头，应注明数量，含设备、附件之间的管路连接。
　　(4) 泵组底座安装，不包括基础砌（浇）筑，应按《房屋建筑与装饰工程工程量计算规范》（GB 50854—2013）相关项目编码列项。
　　(5) 控制柜安装及电气接线，调试应按《通用安装工程工程量计算规范》（GB 50856—2013）附录 D "电气设备安装工程" 相关项目编码列项。
　　2. 地源热泵机组，接管以及接管上的阀门、软接头、减震装置和基础另行计算，应按相关项目编码列项。

4.3.3　建筑供暖工程量计算规则

4.3.3.1　管道界限的划分

采暖管道室内外界限制分：以建筑物外墙皮 1.5m 为界，入口处设阀门者以阀门为界。

管道热处理、无损探伤，应按《通用安装工程工程量计算规范》（GB 50856—2013）附录 H "工业管道工程" 相关项目编码列项。

医疗气体管道及附件，应按《通用安装工程工程量计算规范》（GB 50856—2013）附录 H "工业管道工程" 相关项目编码列项。

管道、设备及支架除锈、刷油、保温，除注明者外，应按《通用安装工程工程量计算规范》（GB 50856—2013）附录 M "刷油、防腐蚀、绝热工程" 相关项目编码列项。

凿槽（沟）、打洞项目，应按《通用安装工程工程量计算规范》（GB 50856—2013）附录 D "电气设备安装工程" 相关项目编码列项。

4.3.3.2　管道安装

(1) 各种管道，均以施工图所示中心长度，以 "m" 为计量单位，不扣除阀门、管件（包括减压器、疏水器、水表、伸缩器等组成安装）所占的长度。

(2) 镀锌铁皮套管制作以 "个" 为计量单位，其安装已包括在管道安装定额内，不得另行计算。

(3) 管道支架制作安装，室内管道公称直径 32mm 以下的安装工程已包括在内，不得另行计算。公称直径 32mm 以上的，可另行计算。

(4) 各种伸缩器制作安装，均以 "个" 为计量单位。方形伸缩器的两臂，按臂长的两倍合并在管道长度内计算。

(5) 管道消毒、冲洗、压力试验，均按管道长度以 "m" 为计量单位，不扣除阀门、管件所占的长度。

4.3.3.3 阀门、水位标尺安装

（1）各种阀门安装均以"个"为计量单位。法兰阀门安装，如仅为一侧法兰连接时，定额所列法兰、带帽螺栓及垫圈数量减半，其余不变。

（2）各种法兰连接用垫片，均按石棉橡胶板计算，如用其他材料，不得调整。

（3）法兰阀（带短管甲乙）安装，均以"套"为计量单位，如接口材料不同时，可作调整。

（4）自动排气阀安装以"个"为计量单位，已包括了支架制作安装，不得另行计算。

（5）浮球阀安装均以"个"为计量单位，已包括了联杆及浮球的安装，不得另行计算。

（6）浮标液面计、水位标尺是按国标编制的，如设计与国标不符时，可作调整。

4.3.3.4 低压器具、水表组成与安装

（1）减压器、疏水器组成安装以"组"为计量单位，如设计组成与定额不同时，阀门和压力表数量可按设计用量进行调整，其余不变。

（2）减压器安装按高压侧的直径计算。

（3）法兰水表安装以"组"为计量单位，定额中旁通管及止回阀如与设计规定的安装形式不同时，阀门及止回阀可按设计规定进行调整，其余不变。

4.3.3.5 供暖器具安装

（1）热空气幕安装以"台"为计量单位，其支架制作安装可按相应定额另行计算。

（2）长翼、柱型铸铁散热器组成安装以"片"为计量单位，其汽包垫不得换算；圆翼型铸铁散热器组成安装以"节"为计量单位。

（3）光排管散热器制作安装以"m"为计量单位，已包括联管长度，不得另行计算。

4.3.3.6 小型容器制作安装

（1）钢板水箱制作，按施工图所示尺寸，不扣除人孔、手孔重量，以"kg"为计量单位，法兰和短管水位计可按相应定额另行计算。

（2）钢板水箱安装，按国家标准图集水箱容量（m³）执行相应定额，各种水箱安装均以"个"为计量单位。

4.3.3.7 燃气管道及附件、器具安装

（1）各种管道安装，均按设计管道中心线长度，以"m"为计量单位，不扣除各种管件和阀门所占长度。

（2）除铸铁管外，管道安装中已包括管件安装和管件本身价值。

（3）承插铸铁管安装定额中未列出接头零件，其本身价值应按设计用量另行计算，其余不变。

（4）钢管焊接挖眼接管工作，均在定额中综合取定，不得另行计算。

（5）调长器及调长器阀门连接，包括一幅法兰安装，螺栓规格和数量以压力为 0.6MPa 的法兰装配，如压力不同可按设计要求的数量、规格进行调整，其他不变。

4.3.4 建筑供暖工程案例分析

【例 4.1】 某市第十人民医院办公楼供暖工程，位于市郊 10km 处，建筑面积 740.28m²，砖混结构，共两层，层高 3.60m。该地区气温不太低，采暖期短，用热水作为采暖热媒，从室外−1.40m 供热管道沟中直接接入室内。散热器采用铸铁四柱型，楼上为有足，楼下为无足，挂于或用拉杆固定于墙上。DN15 钢管用热镀锌钢管丝接，刷银粉漆两

遍；DN20及以上钢管用焊接钢管焊接，管道除锈，刷红丹防锈漆一遍，银粉漆两遍。试计算供暖工程工程量，并编制分部分项工程量清单、计算工程造价。

招标范围为外墙皮1.50m以内且施工图包括的工程内容。

工程质量要求按《建筑给水排水及采暖工程施工质量验收规范》（GB 50242—2002）严格验收，要求达到"合格"。

图纸如图4.20～图4.22所示。供暖工程计量与计价相关计算表格见表4.3～表4.25。

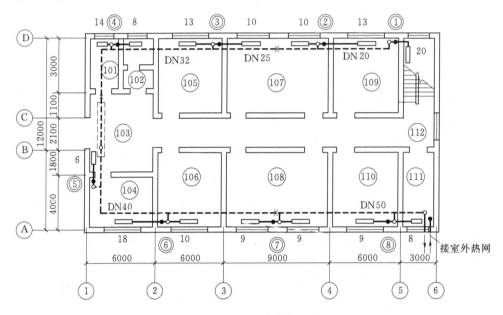

图 4.20　一层采暖平面图

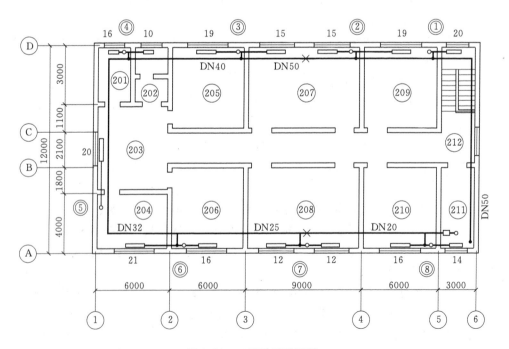

图 4.21　二层采暖平面图

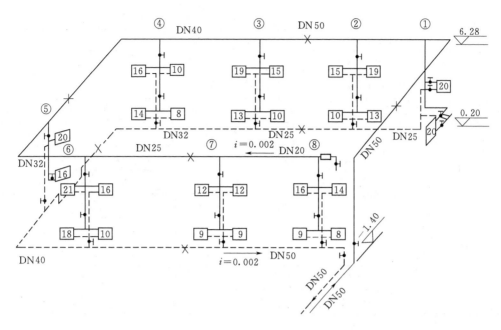

图 4.22 采暖系统图

表 4.3

工 程 量 计 算 表

序号	项 目 名 称	单位	数量	计 算 式
1	供水钢管焊接 DN50	m	39.18	1.5＋1.4＋6.28＋12＋3＋6＋9
	供水钢管焊接 DN40		20.00	6＋6＋3＋1.1＋2.1＋1.8
	供水钢管焊接 DN32		10.00	4＋6
	供水钢管焊接 DN25		10.50	6＋4.5
	供水钢管焊接 DN20		10.50	4.5＋6
2	回水钢管焊接 DN50	m	26.9	1.5＋1.4＋3＋6＋9＋6
	回水钢管焊接 DN40		18.00	6＋12
	回水钢管焊接 DN32		12.00	6＋6
	回水钢管焊接 DN25		9.00	9
	回水钢管焊接 DN20		7.50	6.4－1.5
3	竖管丝接 DN15	m	69.20	(6.28－0.83＋3.2)×8 组
4	散热片横连管丝接 DN15	m	145.66	3×28 组×2 根－392 片×0.057 厚
5	四柱散热片（有足）	片	225.00	
	四柱散热片（无足）	片	167.00	
6	内螺纹截止阀 DN15	个	27.00	
	内螺纹截止阀 DN50	个	2.00	
7	过墙套管 DN80	个	6	
	过墙套管 DN50	个	6	
	过墙套管 DN40	个	8	
	过墙套管 DN32	个	22	16＋6

序号	项 目 名 称	单位	数量	计 算 式
8	集气罐 φ150 Ⅱ型	个	1.00	
9	散热片托钩 φ16	kg	19.91	$0.3 \times 14 \times 3 \times 1.58$
10	管道支架 ∠50×5	kg	23.46	$(14+9) \times 1.02$
11	管道除锈刷漆	m²	11.83	DN50 $3.14 \times 0.057 \times 66.08$
			5.37	DN40 $3.14 \times 0.045 \times 38$
			2.63	DN32 $3.14 \times 0.038 \times 22$
			1.96	DN25 $3.14 \times 0.032 \times 19$
			1.41	DN20 $3.14 \times 0.025 \times 18$
			13.49	DN15 $3.14 \times 0.020 \times 214.86$
12	散热片除锈刷漆	m²	109.76	$(225+167) \times 0.28$
13	采暖工程系统整费	系统	1	

表 4.4 **单位工程招标控制价汇总表**

序号	汇 总 内 容	金额（元）	其中：暂估价（元）
1	分部分项工程	45477.61	
1.1	人工费	9330.23	
1.2	材料费	30557.09	
1.3	施工机具使用费	552.39	
1.4	企业管理费	3729.89	
1.5	利润	1306.63	
2	措施项目	995.23	—
2.1	单价措施项目费	308.44	—
2.2	总价措施项目费	686.79	—
2.2.1	其中：安全文明施工措施费	686.79	
3	其他项目		—
3.1	其中：暂列金额		—
3.2	其中：专业工程暂估价		—
3.3	其中：计日工		—
3.4	其中：总承包服务费		—
4	规费	1357.01	—
5	税金	5261.28	
	招标控制价合计＝1+2+3+4+5	53091.13	

表 4.5　　　　　　　　**分部分项工程和单价措施项目清单与计价表（1）**

序号	项目编码	项目名称	项目特征描述	计量单位	工程量	金额（元）		
						综合单价	合价	其中：暂估价
			C.10 采暖工程				45477.61	
1	031001002001	钢管	1. 安装部位：室内 2. 介质：供回水 3. 规格、压力等级：焊接钢管 DN15 4. 连接形式：丝接	m	214.86	29.37	6310.44	
2	031001002002	钢管	1. 安装部位：室内 2. 介质：供回水 3. 规格、压力等级：焊接钢管 DN20 4. 连接形式：焊接	m	18.00	32.11	577.98	
3	031001002003	钢管	1. 安装部位：室内 2. 介质：供回水 3. 规格、压力等级：焊接钢管 DN25 4. 连接形式：焊接	m	19.50	41.62	811.59	
4	031001002004	钢管	1. 安装部位：室内 2. 介质：供回水 3. 规格、压力等级：焊接钢管 DN32 4. 连接形式：焊接	m	22.00	34.01	748.22	
5	031001002005	钢管	1. 安装部位：室内 2. 介质：供回水 3. 规格、压力等级：焊接钢管 DN40 4. 连接形式：焊接	m	38.00	39.00	1482.00	
6	031001002006	钢管	1. 安装部位：室内 2. 介质：供回水 3. 规格、压力等级：焊接钢管 DN50 4. 连接形式：焊接	m	66.08	46.71	3086.60	
7	031005001001	铸铁散热器	1. 型号、规格：四柱散热片（有足） 2. 安装方式：挂于或用拉杆固定于墙上	片	225.00	52.12	11727.00	
8	031005001002	铸铁散热器	1. 型号、规格：四柱散热片（无足） 2. 安装方式：挂于或用拉杆固定于墙上	片	167.00	67.56	11282.52	
9	031003001001	螺纹阀门	1. 类型：铜放风阀 2. 规格、压力等级：DN15	个	28.00	21.69	607.32	

续表

序号	项目编码	项目名称	项目特征描述	计量单位	工程量	综合单价	合价	其中：暂估价
						金额（元）		
10	031003001002	螺纹阀门	1. 类型：内螺纹截止阀 2. 规格、压力等级：DN15	个	27.00	34.16	922.32	
11	031003001003	螺纹阀门	1. 类型：内螺纹截止阀 2. 规格、压力等级：DN50	个	2.00	134.06	268.12	
12	031002003001	套管	1. 名称、类型：过墙套管 2. 规格：DN32	个	22.00	26.35	579.70	
13	031002003002	套管	1. 名称、类型：过墙套管 2. 规格：DN40	个	8.00	27.31	218.48	
14	031002003003	套管	1. 名称、类型：过墙套管 2. 规格：DN50	个	6.00	28.83	172.98	
			本页小计				38795.27	
			合　计				38795.27	

表 4.6　　　　　分部分项工程和单价措施项目清单与计价表（2）

序号	项目编码	项目名称	项目特征描述	计量单位	工程量	综合单价	合价	其中：暂估价
						金额（元）		
15	031002003004	套管	1. 名称、类型：过墙套管 2. 规格：DN80	个	6.00	37.11	222.66	
16	031005008001	集气罐	1. 规格：集气罐 ϕ150 Ⅱ型	个	1.00	3302.15	3302.15	
17	031002002001	设备支架	1. 形式：散热片托钩 ϕ16	kg	19.91	21.32	424.48	
18	031002001001	管道支架	1. 材质：∠50×5 2. 管架形式：管道支架	kg	23.46	18.32	429.79	
19	031201001001	管道刷油	1. 除锈级别：轻锈 2. 油漆品种：银粉漆 3. 涂刷遍数、漆膜厚度：2 遍	m²	36.69	8.52	312.60	
20	031201001002	管道刷油	1. 油漆品种：红丹防锈漆 2. 涂刷遍数、漆膜厚度：1 遍	m²	23.20	5.16	119.71	
21	031201003001	金属结构刷油	1. 除锈级别：轻锈 2. 油漆品种：银粉漆 3. 涂刷遍数：2 遍	m²	109.76	4.59	503.80	
22	031201003002	金属结构刷油	1. 油漆品种：红丹防锈漆 2. 涂刷遍数：1 遍	m²	109.76	0.96	105.37	
23	031009001001	采暖工程系统调试	1. 系统形式：采暖工程	系统	1.00	1261.78	1261.78	
			分部分项合计				45477.61	
24	031301017001	脚手架搭拆		项	1.00	308.44	308.44	
			单价措施合计				308.44	
			本页小计				6990.78	
			合　计				45786.05	

表 4.7

综合单价分析表

项目编码	031001002001	项目名称	钢管	计量单位	m	工程量	214.86

清单综合单价组成明细

定额编号	定额项目名称	定额单位	数量	单价（元）					合价（元）				
				人工费	材料费	机械费	企业管理费	利润	人工费	材料费	机械费	企业管理费	利润
10-246	室内给排水、采暖钢管（螺纹连接）DN15	10m	0.1	141.34	16.22		56.54	19.79	14.13	1.62		5.65	1.98
综合人工工日	0.191工日		小计						14.13	1.62	5.98	5.65	1.98
			未计价材料费								29.37		
			清单项目综合单价										

材料费明细	主要材料名称、规格、型号	单位	数量	单价（元）	合价（元）	暂估单价（元）	暂估合价（元）
	焊接钢管 DN15	m	1.02	5.86	5.98	—	—
	其他材料费			—	1.62	—	—
	材料费小计			—	7.60	—	—

表4.8

综合单价分析表（2）

项目编码	0310050001001	项目名称	铸铁散热器	计量单位	片	工程量	225

清单综合单价组成明细

定额编号	定额项目名称	定额单位	数量	单价（元）					合价（元）				
				人工费	材料费	机械费	企业管理费	利润	人工费	材料费	机械费	企业管理费	利润
10-786	铸铁柱型散热器安装	10片	0.1	25.9	75.99		10.36	3.63	2.59	7.60		1.04	0.36
综合人工工日	小计								2.59	7.60		1.04	0.36
0.035工日	未计价材料费									40.53			
清单项目综合单价										52.12			

材料费明细	主要材料名称、规格、型号	单位	数量	单价（元）	合价（元）	暂估单价（元）	暂估合价（元）
	铸铁散热器 四柱型813（带足）	片	0.691	58.65	40.53	—	—
	其他材料费			—	7.60	—	
	材料费小计			—	48.13	—	

表 4.9

综合单价分析表（3）

项目编码	03100500102	项目名称	铸铁散热器	计量单位	片	工程量	167

清单综合单价组成明细

定额编号	定额项目名称	定额单位	数量	单价（元）					合价（元）				
				人工费	材料费	机械费	企业管理费	利润	人工费	材料费	机械费	企业管理费	利润
10-785	铸铁散热器安装	10片	0.1	38.48	37.63		15.39	5.39	3.85	3.76		1.54	0.54
综合人工工日	0.052 工日	小 计							3.85	3.76		1.54	0.54
		未计价材料费								57.87			
		清单项目综合单价								67.56			

材料费明细

主要材料名称、规格、型号	单位	数量	单价（元）	合价（元）	暂估单价（元）	暂估合价（元）
铸铁散热器 四柱型 813（无足）	片	1.01	57.3	57.87	—	—
其他材料费			—	3.76	—	
材料费小计			—	61.63	—	

表 4.10

综合单价分析表（4）

项目编码	031003001001	项目名称	螺纹阀门	计量单位	个	工程量	28

清单综合单价组成明细

定额编号	定额项目名称	定额单位	数量	单价（元）					合价（元）				
				人工费	材料费	机械费	企业管理费	利润	人工费	材料费	机械费	企业管理费	利润
10－418	铜放风阀	个	1	7.4	4.28		2.96	1.04	7.4	4.28		2.96	1.04
综合人工工日	0.1 工日			小　计					7.4	4.28		2.96	1.04
				未计价材料费							6.01		
				清单项目综合单价							21.69		

材料费明细	主要材料名称、规格、型号	单位	数量	单价（元）	合价（元）	暂估单价（元）	暂估合价（元）
	铜放风阀　DN15	个	1.01	5.95	6.01	—	—
	其他材料费			—	4.28	—	—
	材料费小计			—	10.29	—	—

表4.11

综合单价分析表（5）

项目编码	031003001002	项目名称	螺纹阀门	计量单位	个	工程量	27

清单综合单价组成明细

定额编号	定额项目名称	定额单位	数量	单价（元）					合价（元）				
				人工费	材料费	机械费	企业管理费	利润	人工费	材料费	机械费	企业管理费	利润
10-418	螺纹阀门安装 DN15	个	1	7.4	4.28		2.96	1.04	7.4	4.28		2.96	1.04
综合人工工日				小　计					18.48				
0.1工日				未计价材料费					34.16				

清单项目综合单价					18.3				

材料费明细	主要材料名称、规格、型号	单位	数量	单价（元）	合价（元）	暂估单价（元）	暂估合价（元）
	螺纹阀门 DN15	个	1.01	18.3	18.48	—	
	其他材料费			—	4.28	—	
	材料费小计			—	22.76	—	

表4.12

综合单价分析表（6）

项目编码	031002003001	项目名称	套管	计量单位	个	工程量	22

清单综合单价组成明细

定额编号	定额项目名称	定额单位	数量	单价（元）				合价（元）			
				人工费	材料费	机械费	企业管理费	利润	人工费	材料费	机械费	企业管理费	利润
10-395	过墙过楼板钢套管制作安装 DN32	10个	0.1	122.84	56.48	17.85	49.14	17.2	12.28	5.65	1.79	4.91	1.72
综合人工日	0.166工日		小 计						12.28	5.65	1.79	4.91	1.72
			未计价材料费									
			清单项目综合单价						26.35			

材料费明细	主要材料名称、规格、型号	单位	数量	单价（元）	合价（元）	暂估单价（元）	暂估合价（元）
				—	5.65	—	
	其他材料费			—	5.65	—	
	材料费小计			—	5.65	—	

表 4.13

综合单价分析表 (7)

项目编码	031005008001	项目名称	集气罐	计量单位	个	工程量	1

清单综合单价组成明细

定额编号	定额项目名称	定额单位	数量	单价（元）					合价（元）				
				人工费	材料费	机械费	企业管理费	利润	人工费	材料费	机械费	企业管理费	利润
1－1374	集气罐 φ150 Ⅱ型	台	1	1007.14	163.7	287.45	402.86	141	1007.14	163.7	287.45	402.86	141
综合人工工日	13.61 工日	小　计							1007.14	163.7	287.45	402.86	141
		未计价材料费								1300			
		清单项目综合单价								3302.15			

材料费明细	主要材料名称、规格、型号	单位	数量	单价（元）	合价（元）	暂估单价（元）	暂估合价（元）
	集气罐 φ150 Ⅱ型	台	1	1300	1300	—	—
	其他材料费			—	163.7	—	
	材料费小计			—	1463.7	—	

表4.14

综合单价分析表（8）

项目编码	031002002001	项目名称	设备支架			计量单位	kg	工程量		19.91

清单综合单价组成明细

定额编号	定额项目名称	定额单位	数量	单价（元）					合价（元）				
				人工费	材料费	机械费	企业管理费	利润	人工费	材料费	机械费	企业管理费	利润
10-384	设备支架制作单件重100kg以内	100kg	0.01	253.09	32.13	113.76	101.21	35.41	2.53	0.32	1.14	1.01	0.35
10-386	设备支架安装单件重100kg以内	100kg	0.01	169.46	11.85	15.17	67.75	23.71	1.69	0.12	0.15	0.68	0.24
综合人工工日	0.0571工日	小　计							4.22	0.44	1.29	1.69	0.59
		未计价材料费							13.08				
		清单项目综合单价							21.32				

材料费明细	主要材料名称、规格、型号	单位	数量	单价（元）	合价（元）	暂估单价（元）	暂估合价（元）
	钢材　φ16	kg	1.05	12.46	13.08	—	—
	其他材料费			—	0.44	—	—
	材料费小计			—	13.52	—	—

表 4.15

综合单价分析表（9）

项目编码	0310002001001	项目名称	管道支架	计量单位	kg	工程量	23.46

清单综合单价组成明细

定额编号	定额项目名称	定额单位	数量	单价（元）				合价（元）			
				人工费	材料费	机械费	企业管理费	利润	人工费	材料费	机械费	企业管理费	利润
10-382	管道支架制作	100kg	0.01	176.85	63.04	175.66	70.76	24.77	1.77	0.63	1.76	0.71	0.25
综合人工工日				小　计					1.77	0.63	1.76	0.71	0.25
0.0239 工日				未计价材料费					13.21				
		清单项目综合单价							18.32				

材料费明细	主要材料名称、规格、型号	单位	数量	单价（元）	合价（元）	暂估单价（元）	暂估合价（元）
	型钢	kg	1.06	12.46	13.21	—	—
	其他材料费				0.63	—	—
	材料费小计				13.84	—	—

表 4.16

综合单价分析表（10）

项目编码	03120100001	项目名称	管道刷油	计量单位	m²	工程量	36.69

清单综合单价组成明细

定额编号	定额项目名称	定额单位	数量	单价（元）					合价（元）				
				人工费	材料费	机械费	企业管理费	利润	人工费	材料费	机械费	企业管理费	利润
11-7	手工除锈（一般钢结构轻锈）	100kg	0.01	21.45	2.07	7.39	8.59	3	0.21	0.02	0.07	0.09	0.03
11-56	银粉漆（第一遍）	10m²	0.1	17.76	7.8		7.1	2.49	1.78	0.78		0.71	0.25
11-57	银粉漆（第二遍）	10m²	0.1	17.02	7.21		6.81	2.38	1.7	0.72		0.68	0.24
综合人工工日	0.0499 工日	小 计							3.69	1.52	0.07	1.48	0.52
		未计价材料费								1.24			
		清单项目综合单价								8.52			

材料费明细	主要材料名称、规格、型号	单位	数量	单价（元）	合价（元）	暂估单价（元）	暂估合价（元）
	第一遍银粉漆	kg	0.036	18	0.65	—	—
	第二遍银粉漆	kg	0.033	18	0.59	—	—
	其他材料费				1.52		—
	材料费小计				2.76		—

表4.17

综合单价分析表（11）

项目编码	03120101001002	项目名称		管道刷油				计量单位	m²	工程量	23.2

清单综合单价组成明细

定额编号	定额项目名称	定额单位	数量	单价（元）					合价（元）				
				人工费	材料费	机械费	企业管理费	利润	人工费	材料费	机械费	企业管理费	利润
11-51	红丹防锈漆	10m²	0.1	17.02	3.37		6.81	2.38	1.7	0.34		0.68	0.24
综合人工工日	0.023工日				小　计				1.7	0.34		0.68	0.24
					未计价材料费						2.21		
				清单项目综合单价							5.16		

材料费明细	主要材料名称、规格、型号	单位	数量	单价（元）	合价（元）	暂估单价（元）	暂估合价（元）
	红丹防锈漆 C53-1	kg	0.147	15	2.21	—	—
	其他材料费			—	0.35		—
	材料费小计			—	2.55		—

表4.18

综合单价分析表（12）

项目编码	031201003001	项目名称	金属结构刷油		计量单位	m²	工程量	109.76

清单综合单价组成明细

定额编号	定额项目名称	定额单位	数量	单价（元）					合价（元）				
				人工费	材料费	机械费	企业管理费	利润	人工费	材料费	机械费	企业管理费	利润
11-4	手工除锈 设备 φ>1000mm 轻锈	10m²	0.1	22.94	2.8		9.18	3.21	2.29	0.28		0.92	0.32
11-122	银粉漆（第一遍）	100kg	0.01	14.06	5.84	7.38	5.62	1.97	0.14	0.06	0.07	0.06	0.02
11-123	银粉漆（第二遍）	100kg	0.01	14.06	5.11	7.38	5.62	1.97	0.14	0.05	0.07	0.06	0.02
综合人工工日	0.0348 工日			小 计					2.57	0.39	0.14	1.04	0.36
				未计价材料费							0.09		

清单项目综合单价: 4.59

材料费明细	主要材料名称、规格、型号	单位	数量	单价（元）	合价（元）	暂估单价（元）	暂估合价（元）
	第一遍 银粉漆	kg	0.0025	18	0.05	—	—
	第二遍 银粉漆	kg	0.0023	18	0.04	—	—
	其他材料费			—	0.39	—	—
	材料费小计			—	0.48	—	—

表 4.19

综合单价分析表 (13)

项目编码	031201003002	项目名称	金属结构刷油	计量单位	m²	工程量	109.76

清单综合单价组成明细

定额编号	定额项目名称	定额单位	数量	单价（元）					合价（元）				
				人工费	材料费	机械费	企业管理费	利润	人工费	材料费	机械费	企业管理费	利润
11－117	红丹防锈漆（第一遍）	100kg	0.01	14.8	2.74	7.38	5.92	2.07	0.15	0.03	0.07	0.06	0.02
11－118	红丹防锈漆（第二遍）	100kg	0.01	14.06	2.37	7.38	5.62	1.97	0.14	0.02	0.07	0.06	0.02
综合人工工日	小　计								0.29	0.05	0.14	0.12	0.04
0.0039 工日	未计价材料费									0.32			

清单项目综合单价　0.96

材料费明细	主要材料名称、规格、型号	单位	数量	单价（元）	合价（元）	暂估单价（元）	暂估合价（元）
	第一遍红丹防锈漆 C53－1	kg	0.0116	15	0.17	—	
	第二遍红丹防锈漆 C53－1	kg	0.0095	15	0.14	—	
	其他材料费			—	0.05	—	
	材料费小计			—	0.37	—	

表 4.20

综合单价分析表 (14)

项目编码	031009001001	项目名称		采暖工程系统调试				计量单位	系统	工程量		1

清单综合单价组成明细

定额编号	定额项目名称	定额单位	数量	单价（元）					合价（元）				
				人工费	材料费	机械费	企业管理费	利润	人工费	材料费	机械费	企业管理费	利润
10－1000	第十册采暖工程系统调试费增加人工费15%，其中人工工资20%，材料费80%	项	1	228.17	912.68		88.99	31.94	228.17	912.68		88.99	31.94
综合人工工日				小 计					228.17	912.68		88.99	31.94
				未计价材料费									
	清单项目综合单价								1261.78				

材料费明细	主要材料名称、规格、型号		单位	数量	合价（元）	暂估单价（元）	暂估合价（元）
					单价（元）		
					—	—	—
	其他材料费				912.68	—	—
	材料费小计				912.68	—	—

表 4.21

综合单价分析表 (15)

项目编码	031301017001	项目名称	脚手架搭拆	计量单位	项	工程量	1

清单综合单价组成明细

定额编号	定额项目名称	定额单位	数量	单价（元）					合价（元）				
				人工费	材料费	机械费	企业管理费	利润	人工费	材料费	机械费	企业管理费	利润
10-9300	第十册脚手架搭拆费增加人工费5%，其中人工资25%，材料费75%	项	1	68.09	204.26		26.56	9.53	68.09	204.26		26.56	9.53
综合人工工日			小　计	68.09	204.26		26.56	9.53	68.09	204.26		26.56	9.53
			清单项目综合单价						308.44				

材料费明细	主要材料名称、规格、型号	单位	数量	单价（元）	合价（元）	暂估单价（元）	暂估合价（元）
	其他材料费			—	204.26	—	
	材料费小计			—	204.26	—	

表 4.22   **总价措施项目清单与计价表**

序号	项目编码	项目名称	计 算 基 础	费率（%）	金额（元）	调整费率（%）	调整后金额（元）	备注
1	031302001001	安全文明施工			686.79			
1.1	1.1	基本费	分部分项工程费＋单价措施项目费－分部分项除税工程设备费－单价措施除税工程设备费	1.5	686.79			
1.2	1.2	增加费	分部分项工程费＋单价措施项目费－分部分项除税工程设备费－单价措施除税工程设备费					
2	031302002001	夜间施工						
3	031302003001	非夜间施工照明						
4	031302005001	冬雨季施工						
5	031302006001	已完工程及设备保护						
6	031302008001	临时设施						
7	031302009001	赶工措施						
8	031302010001	工程按质论价						
9	031302011001	住宅分户验收						
	合　　计				686.79			

表 4.23   **其他项目清单与计价汇总表**

序号	项 目 名 称	金额（元）	结算金额（元）	备 注
1	暂列金额			
2	暂估价			
2.1	材料（工程设备）暂估价			
2.2	专业工程暂估价			
3	计日工			
4	总承包服务费			
	合　　计			

表 4.24   **规费、税金项目计价表**

序号	项目名称	计算基础	计算基数（元）	计算费率（%）	金额（元）
1	规费		1357.01		1357.01
1.1	社会保险费	分部分项工程费＋措施项目费＋其他项目费－除税工程设备费	46472.84	2.4	1115.35
1.2	住房公积金		46472.84	0.42	195.19
1.3	工程排污费		46472.84	0.1	46.47
2	税金	分部分项工程费＋措施项目费＋其他项目费＋规费－（甲供材料费＋甲供设备费）÷1.01	47829.85	11	5261.28
	合　　计				6618.29

表 4.25   承包人供应材料一览表

序号	材料编码	材料名称	规格型号等特殊要求	单位	数量	单价（元）	合价（元）	备注
1	01290128	钢板	$\delta=3.5\sim4.0$ Q235	kg	1.1347	3.57	4.05	
2	01290133	钢板	$\delta=4.5\sim7.0$ Q235	kg	1.00	3.57	3.57	
3	02010106	橡胶板	$\delta=1\sim15$	kg	0.1797	7.72	1.39	
4	02010506	石棉橡胶板	低压 $\delta=0.8\sim6$	kg	0.74	5.57	4.12	
5	02070242	汽包胶垫	$\delta=3$	个	906.453	0.12	108.77	
6	02090302	塑料布		kg	1.68	7.72	12.97	
7	02270131	破布		kg	8.3406	6.00	50.04	
8	02290103	线麻		kg	0.3341	10.29	3.44	
9	02290507	油浸麻丝		kg	3.498	8.40	29.38	
10	02330104	草袋		m²	0.50	1.29	0.65	
11	03050528	精制带母镀锌螺栓	M12×300	套	19.575	2.08	40.72	
12	03050581	精制带母镀锌螺栓	M20×80 以下	套	6.7621	4.00	27.05	
13	03050911	精制六角螺栓		kg	0.1178	4.82	0.57	
14	03090103	螺母		kg	0.2466	6.17	1.52	
15	03130304	钢垫圈		kg	0.0976	4.97	0.49	
16	03130315	方形钢垫圈	$\phi12\times50\times50$	10 个	3.915	0.03	0.12	
17	03210210	砂轮片	$\phi350$	片	0.0315	9.86	0.31	
18	03210211	砂轮片	$\phi400$	片	0.1396	11.58	1.62	
19	03210405	尼龙砂轮片	$\phi100\times16\times3$	片	2.4755	3.26	8.07	
20	03210408	尼龙砂轮片	$\phi400$	片	0.117	8.66	1.01	
21	03270104	铁砂布	2 号	张	98.5793	0.86	84.78	
22	03270202	砂纸		张	6.10	0.94	5.73	
23	03410206	电焊条	J422 $\phi3.2$	kg	0.8496	3.77	3.20	
24	03410207	电焊条	J422 $\phi4$	kg	0.60	3.73	2.24	
25	03410900	碳钢气焊条		kg	0.2522	12.86	3.24	
26	03570217	镀锌铁丝	8 号～12 号	kg	2.20	5.15	11.33	
27	03570225	镀锌铁丝	13 号～17 号	kg	2.2899	5.15	11.79	
28	03590201	斜垫铁	Q235 1 号	kg	1.044	5.15	5.38	
29	03590401	平垫铁	Q235 1 号	kg	2.032	4.29	8.72	
30	03652421	锯条		根	0.0946	0.19	0.02	
31	03652422	钢锯条		根	75.1166	0.21	15.77	
32	03652906	钢丝刷子		把	2.2817	1.54	3.51	
33	04010611	水泥	32.5 级	kg	85.1137	0.27	22.98	
34	04030102	黄砂		m³	0.1496	120.46	18.02	
35	04050201	碎石		m³	0.025	99.09	2.48	
36	04050206	碎石	5～32mm	m³	0.0049	90.34	0.44	

续表

序号	材料编码	材料名称	规格型号等特殊要求	单位	数量	单价（元）	合价（元）	备注
37	05030600	普通木成材		m³	0.0019	1372.08	2.61	
38	05030700	木板材		m³	0.001	1543.59	1.54	
39	11030305	醇酸防锈漆	C53－1	kg	0.1304	12.86	1.68	
40	11112504	无光调和漆		kg	0.1009	12.86	1.30	
41	11112521	银粉漆		kg	0.7774	13.72	10.67	
42	11112522	白油漆		kg	0.08	10.29	0.82	
43	11112524	厚漆		kg	3.5739	8.58	30.66	
44	11452114	松香水		kg	0.0315	4.72	0.15	
45	12010103	汽油		kg	7.6597	9.12	69.86	
46	12010903	煤油		kg	2.10	4.29	9.01	
47	12030106	溶剂汽油		kg	0.0341	7.89	0.27	
48	12050311	机油		kg	5.4178	7.72	41.83	
49	12050313	机油	6号～7号	kg	0.0439	10.72	0.47	
50	12060317	清油		kg	0.0387	13.72	0.53	
51	12370305	氧气		m³	10.4325	2.83	29.52	
52	12370335	乙炔气		kg	3.5566	15.44	54.91	
53	13013509	石棉绒		kg	7.296	2.40	17.51	
54	14010317	焊接钢管	DN32	m	6.71	14.55	97.63	
55	14010320	焊接钢管	DN40	m	2.44	17.68	43.14	
56	14010323	焊接钢管	DN50	m	1.83	22.69	41.52	
57	14010332	焊接钢管	DN80	m	1.83	42.69	78.12	
58	15021105	镀锌活接头	DN15	个	55.55	3.89	216.09	
59	15021110	镀锌活接头	DN50	个	2.02	18.60	37.57	
60	15070305	室内焊接钢管接头零件	DN15	个	364.4026	0.61	222.29	
61	15070307	室内焊接钢管接头零件	DN20	个	29.142	0.97	28.27	
62	15070309	室内焊接钢管接头零件	DN25	个	29.523	1.72	50.78	
63	15270731	汽包丝堵	DN38	个	64.425	1.40	90.20	
64	15272331	汽包补芯	DN38	个	64.425	2.82	181.68	
65	15272341	汽包对丝	DN38	个	735.318	0.86	632.37	
66	15370707	单管卡子	DN25	个	22.9606	0.68	15.61	
67	19030121	柱型散热器	813足片	片	71.775	14.30	1026.38	
68	19110103	管子托钩	DN15	个	23.6346	1.01	23.87	
69	19110104	管子托钩	DN20	个	2.466	1.14	2.81	
70	19110105	管子托钩	DN25	个	2.0475	1.31	2.68	
71	19110121	汽包托钩		个	46.593	3.78	176.12	
72	31110301	棉纱头		kg	1.5973	5.57	8.90	

序号	材料编码	材料名称	规格型号等特殊要求	单位	数量	单价（元）	合价（元）	备注
73	31130106	其他材料费		元	4.9969	1.00	5.00	
74	31150101	水		m³	3.6627	4.57	16.74	
75	31150301	电		kW·h	5.5161	0.76	4.19	
76	34020901	木枕		m³	0.042	1071.94	45.02	
77	12010303	机械用柴油		kg	6.199	7.74	47.98	
78	31150301	机械用电力		kW·h	252.2206	0.76	191.69	
79	50	集气罐 φ150 Ⅱ型		台	1.00	1300.00	1300.00	
80	01270101	型钢		kg	24.8676	12.46	309.85	
81	01650101	钢材	φ16	kg	20.9055	12.46	260.48	
82	11030305	红丹防锈漆	C53-1	kg	5.7263	15.00	85.89	
83	11111715	银粉漆		kg	3.0584	18.00	55.05	
84	14010307	焊接钢管	DN15	m	219.1572	5.86	1284.26	
85	14010311	焊接钢管	DN20	m	18.36	7.58	139.17	
86	14010314	焊接钢管	DN25	m	19.89	11.25	223.76	
87	14010317	焊接钢管	DN32	m	22.44	14.55	326.50	
88	14010320	焊接钢管	DN40	m	38.76	17.68	685.28	
89	14010323	焊接钢管	DN50	m	67.4016	22.69	1529.34	
90	16310103	铜放风阀	DN15	个	28.28	5.95	168.27	
91	16310103	螺纹阀门	DN15	个	27.27	18.30	499.04	
92	16310108	螺纹阀门	DN50	个	2.02	86.15	174.02	
93	19010105	铸铁散热器	四柱型813（无足）	片	168.67	57.30	9664.79	
94	19010106	铸铁散热器	四柱型813（有足）	片	155.475	58.65	9118.61	

复 习 思 考 题

1. 采暖管道工程量如何计算？

2. 采暖管道如何分类？具体如何划分？如何使用定额？

3. 采暖系统中用于排除空气的附件及设备有哪些？

4. 管道、阀门、法兰保温工程量如何计算？保护层的工程量如何计算？

5. 试分析给水管道和采暖管道、燃气管道、消防灭火喷淋管道、工业管道（低压）等管道，它们的试压、调试（整），安装定额是怎样划分的？各自的不同点是什么？

项目5 通风空调工程计量与计价

学习目标：

能够熟悉通风空调工程基本知识；掌握建筑通风空调工程施工图识图方法；熟悉建筑通风空调工程定额和清单，并学会应用。掌握建筑通风空调工程量计算规则；掌握建筑通风空调工程清单的编制和计价方法。

5.1 通风空调工程基础知识

5.1.1 通风空调工程组成和分类

通风就是把室外的新鲜空气送入室内，把室内受到污染的空气排到室外。消除生产过程中产生的粉尘、有害气体、高度潮湿和辐射热的危害，保持室内空气的清洁和适宜。

空气调节是提供空气处理的方法，净化或者纯化空气；通过加热或冷却、加湿或去湿，来控制空气的温度和湿度，并且根据室外空气环境的变化不断进行调节，创造一个恒温、恒湿、高度清洁和具有一定流速的空气环境，以满足人们生活、生产和科研工作中对空气环境的特殊要求。

5.1.1.1 通风系统的分类

通风系统按其动力因素不同可分为自然通风和机械通风，按作用范围可分为全面通风、局部通风，也可按其工艺要求分为送风系统、排风系统、除尘系统。

（1）自然通风和机械通风。在自然压差推动下的空气流动，根据自然压差形成的机理，可分为热压作用下的自然通风和风压作用下的自然通风。

如图 5.1 所示，室内热源加热空气，密度降低，热空气自然上浮，房间上部空气压力比房间外部的大气压力大，导致室内空气向外流动。在房间下部，室外空气不断流入，补充因上部空气流出所引起的下部负压空间。

如图 5.2 所示，建筑物的迎风面受空气的推动作用形成正压区，推动空气从该侧沿建筑物的开孔部分进入房间。由于室外空气绕过建筑物流动，在建筑物的背风面和侧面形成负压区，吸引建筑物内的空气从该侧的孔口流出。

一般来说，热压作用的变化较小，风压作用的变化较大。自然通风简单、经济，但是通风量受到多种因素的影响，如室内外温差，室外风速、风向，门窗的面积、形式和位置等，因此通风效果不稳定。

机械通风是依靠机械的动力（风机的压力）进行通风换气的过程。机械通风按照通风的范围分为：全面通风（全面送风、全面排风）和局部通风（局部送风、局部排风）。机械通风可以和自然通风共同存在。机械通风可组织室内气流，可对进排风进行各种处理，可调节通风量和稳定通风效果，但是消耗电能，占用空间，工程设备费和维护费较大，安装管理较为复杂。

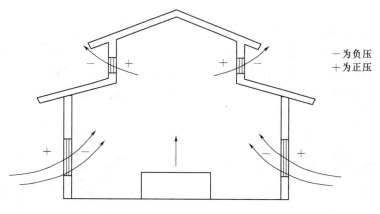

图 5.1 热压作用下的自然通风

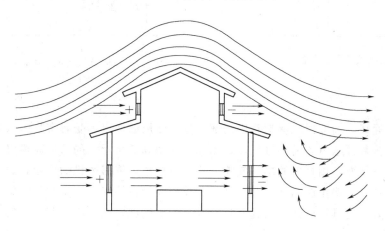

图 5.2 风压作用下的自然通风

（2）全面通风。全面通风是在房间内全面进行通风换气的一种通风方式。图 5.3 为全面机械送风、自然排风示意图，室外新鲜空气经过热湿处理达到要求的空气状态后，由风机通过风管、送风口送入室内。由于室外空气源源不断地送入室内，室内呈正压状态。在正压作用下，室内空气通过门、窗或其他缝隙排出室外，从而达到全面通风的目的。

这种全面通风方式在以产生辐射热为主要危害的建筑物内采纳比较合适。若建筑物内有大气污染物存在，其浓度较高，且自然排风时会渗入到相邻房间时，采纳这种通风方式就欠妥。

图 5.4 为全面机械排风、自然进风示意图，室内污浊空气通过吸风口、风管由风机排至室外。由于室内空气连续排出，室内造成负压状态，室外新鲜空气通过建筑物的门、窗和缝隙补充到室内，从而达到全面通风的目的。

这种全面通风方式在室内存在热湿及大气污染物危害物质时较为适用，但相邻房间同样存在热湿及大气污染物危害物质时就欠妥，因为在负压状态下，相邻房间内的危害物质会经

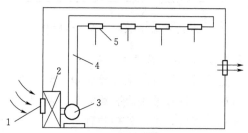

图 5.3 全面机械送风、自然排风示意图
1—进风口；2—空气处理设备；3—风机；
4—风道；5—送风口

159

过渗入通道进入室内，使室内全面通风达不到预期的效果。

图5.5为全面机械送风、机械排风示意图，室外新鲜空气经过热湿处理达到要求的空气状态后，由风机通过风管、送风口送入室内。室内污浊空气通过吸风口、风管由风机排至室外。这种机械送风、排风系统可以根据室内工艺及大气污染物散发情况灵活、合理地进行气流组织，达到全室全面通风的预期效果。这种系统的投资及运行费用比前两种通风方式要大。

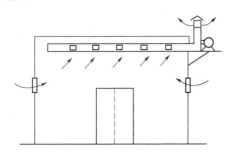

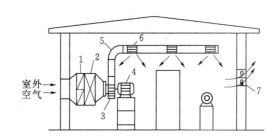

图5.4　全面机械排风、自然进风示意图

图5.5　全面机械送风、机械排风示意图

1—空气过滤器；2—空气加热器；3—风机；4—电动机；
5—风管；6—送风口；7—轴流风机

（3）局部通风。局部通风就是利用局部气流，使局部地点不受有害物的污染，造成良好的空气环境，分局部送风和局部排风，如图5.6和图5.7所示。局部通风可以根据空气污染物的特性和散发情况，用合理的局部气流方式予以捕集，依靠风机的作用，送到治理装置进行净化处理，达到环保排放标准后才予排放。局部通风在捕集、治理空气污染物方面比全面通风方式更有效、更具针对性，而且节省投资、节省能耗，被广泛应用在空气污染物的环保治理工程方面。

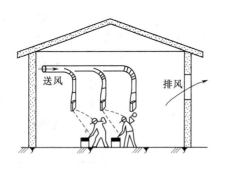

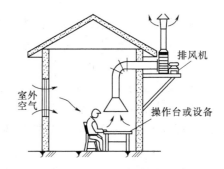

图5.6　局部送风系统（空气淋浴）

图5.7　局部排风系统

5.1.1.2　通风系统的组成

自然通风设备装置比较简单，只需要进、排风窗以及附属的开关装置。如图5.8所示，机械通风包括室外进风装置、局部吸风罩、送风口、管道、风机、排风口、排风处理装置、室外排风装置、进风处理装置等。

5.1.1.3　空调系统的组成

如图5.9所示，一般来说，空调系统通常由冷、热源及其输送设备，空气处理设备，空气输送设备，空气分配和调节设备几个主要部分组成。其中，冷、热源及其输送设备提供空调用

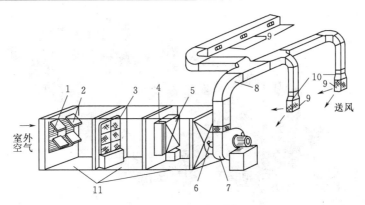

图 5.8 机械通风系统

1—百叶窗；2—保温阀；3—过滤器；4—旁通阀；5—空气加热器；6—启动阀；7—通风机；

8—通风管网；9—出风口；10—调节活门；11—送风室

冷、热源并将冷（热）媒输送到空气处理设备；空气处理设备对空气进行处理，达到设计要求的送风状态；空气输送设备，即冷、热介质输送设备及管道，把冷、热介质输送到使用场所；空气分配和调节设备包括各种类型的风口，作用是合理地组织室内气流，使气流均匀分布。

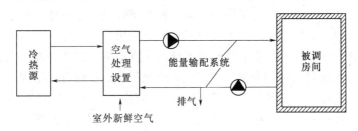

图 5.9 空调系统基本组成

5.1.1.4 空调系统的分类

通常，空调系统按其空气处理设备的集中程度来分，可以分成集中式、局部式和半集中式三种。

（1）集中式空调系统。集中式空调系统是将各种空气处理设备和风机都集中设置在一个专用的机房里，对空气进行集中处理，然后由送风系统将处理好的空气送至各个空调房间中去。如图 5.10 所示，空调主机提供冷热源给空调机组，空调机组对空气集中进行处理，经送风管道输送到各处，通过出风口出风。空调机组可根据客户的要求实现空气的混合、过滤、升温、降温、除湿、加湿、降噪、热回收等功能，形式分为卧式、立式及吊顶式三种，实际应用中，根据对空气处理要求的不同，会选择不同形式的空调机组。集中式空调系统（即全空气系统）一般用于房间面积大，热湿负荷变化类似，新风量变化大及对温湿度、洁净度等要求严格的场所，如体育馆、影剧院、会展中心、厂房、超市等。

（2）局部式空调系统。这种系统没有集中的空调机房，空气处理设备全分散在被调房间内，因此局部式空调系统又称为分散式空调系统。空调器可直接装在房间里或装在邻近房间里，就地处理空气；适用于面积小、房间分散和热湿负荷相差大的场合，如办公室、机房及家庭等。其设备可以是单台独立式空调机组，如窗式、分体式空调器等。

局部空调机组实际上是一个小型空调系统，它将空气处理设备各部件（包括空气冷却

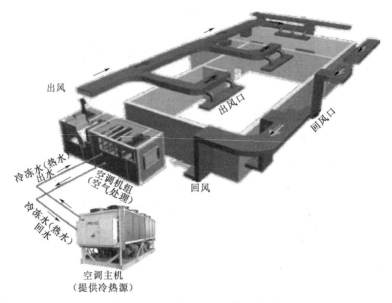

图 5.10　集中式空调系统示意图

器、加热器、加温器、过滤器)与通风机、制冷机组组合成一个整体,具有结构紧凑、安装方便、使用灵活的特点,所以在空调工程中得以广泛应用。

(3)半集中式空调系统。半集中式空调系统是在克服集中式和局部式空调系统的缺点而取其优点的基础上发展起来的。半集中式空调系统除了有集中的空气处理室外,还在空调房间内设有二次空气处理设备(风机盘管机组)。这种对空气的集中处理和局部处理相结合的空调方式,克服了集中式空调系统空气处理量大,设备、风道断面面积大等缺点,同时具有局部式空调系统便于独立调节的优点。半集中式空调系统因二次空气处理设备种类不同而分为风机盘管空调系统和诱导器系统。其中风机盘管加新风系统为最常用的半集中式空调系统,如图 5.11 所示。经处理的新风通过新风送风管送到房间,室内的风通过回风口与送入的新风混合再经过风机盘管处理,达到要求后再送入房间,这样不断地循环,达到房间的使用要求。半集中式空调系统一般用于多层多室、层高较低、热湿负荷不一致、各室空气不要串通以及要求调节风量的场所,如宾馆、酒店、写字楼等。

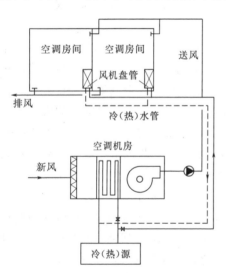

图 5.11　风机盘管加新风系统

风机盘管机组是半集中式中央空调理想的终端设备,相当于家用空调的室内机组,其结构形式常见的有立式、卧式、卡式。风机盘管机组由风机、风机电动机、盘管、空气过滤器、凝水盘和箱体等组成,如图 5.12 所示。风机有离心式和贯流式两种形式,风机电动机通过调节电动机的输入电压来改变风机电动机的转速,使风机具有高、中、低三挡风量,以实现风量调节的目的。盘管一般采用铜管,用铝片做其肋片;在制造工艺上,采用胀管工艺,这样既能保证管与肋片间的紧密接触,又提高了盘管的导热性能。盘管的排数有两排、三排或四排等。风机盘管机组的工作原理是，风机通过进风口直接从室内抽取所需的风量，然后经过风机主体段后从出风口吹出高速的气流，气流横掠过循环冷水（热水）盘管后被冷却（加热），被冷却（加热）的空气吹入房间，达到调节房间空气参数的目的。

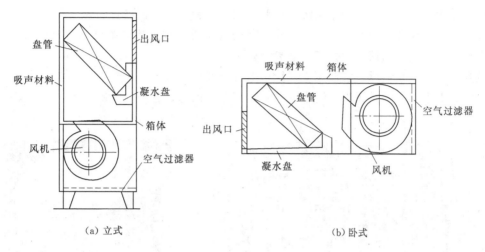

（a）立式　　　　　　　　　　　　　　　（b）卧式

图 5.12　风机盘管机组构造

5.1.2　通风空调系统常用材料和设备

5.1.2.1　风管及其附、配件

风管的断面一般为矩形或圆形，如图 5.13 和图 5.14 所示。圆形风管强度大，耗材少，但加工工艺复杂，占用空间大，不易布置得美观，常用于暗装。矩形风管易布置，弯头及三通等部件的尺寸较圆形风管的部件小，且容易加工，因而使用较为普遍。

图 5.13　矩形风管　　　　　　　　　　　图 5.14　圆形风管

通风与空调工程的风管和部、配件所用材料，一般可分为金属材料和非金属材料两类。金属材料包括普通薄钢板、镀锌薄钢板、不锈钢板、铝板等，非金属材料包括酚醛铝箔复合板、聚氨酯铝箔复合板、玻璃纤维复合板、无机玻璃复合板、硬聚氯乙烯板等。

风管所使用的板材及规格应符合设计及质量验收规范的要求，非金属复合风管板材的覆面材料必须为不燃材料，具有保温性能的风管内部绝热材料应不低于难燃 B1 级。风管制作所采用的连接件均为不燃或难燃 B1 级材料。

防排烟系统风管的耐火性能应符合设计规定，风管的本体、框架、连接固定材料与密封垫料，阀部件、保温材料以及柔性短管、消声器的制作材料，必须为不燃材料。

风管连接的密封材料应满足系统功能的技术条件，对风管的材质无不良影响，并有良好的气密性。风管系统的严密性检验以主、干管为主。在加工工艺得到保证的前提下，低压风管系统可采用漏光法检测。中压系统应在漏光法检测合格后，再进行漏风量测试的抽检；高压系统全数进行漏风量的测试。风管系统的严密性检验：被抽检系统全数合格则视为通过；如有不合格时，应再加倍抽检，直至全数合格。

风管部件指的是通风、空调风管系统中的各类风口、阀门、排气罩、风帽、检查门和测定孔等。风管配件指的是风管系统中的弯管、三通、四通、各类变径及异形管、导流叶片和法兰等（图 5.15～图 5.24）。

图 5.15　百叶风口

图 5.16　球形喷口

图 5.17　矩形散流器

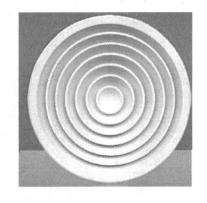

图 5.18　圆形散流器

图 5.19　电动调节阀

图 5.20　防火阀

图 5.21　止回阀

图 5.22　消声器

图 5.23　蝶阀

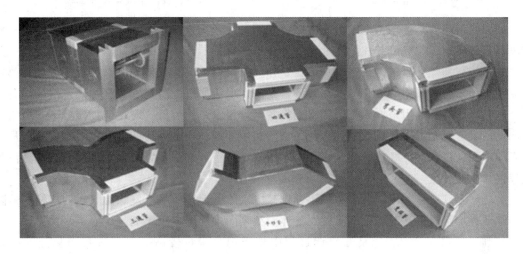

图 5.24　风管配件

5.1.2.2　空气处理的基本设备

常见的空气处理设备有喷水室、空气加热器、空气冷却器、空气加湿器、除湿机、空气蒸发冷却器、过滤器等（图 5.25～图 5.28）。

喷水室能实现对空气加热、冷却、加湿、除湿等多种处理过程，对空气具有一定的净化能力，在空调工程中得以广泛使用。

图 5.25　肋片管式换热器

图 5.26　管式电加热器

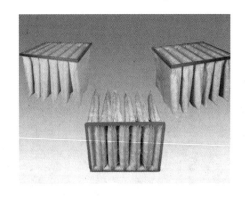

图 5.27　粗效板式过滤器　　　　图 5.28　中效袋式过滤器

表面式换热器是空调工程中另一类广泛使用的热湿交换装置，它在组合式空调机组和柜式风机盘管中用于空气冷却和除湿处理时称为空气冷却器或表面式冷却器，简称表冷器；用来对空气进行加热处理时称为空气加热器；作为风机盘管的部件使用时称为盘管。电加热器是空调工程中通常采用的另一类加热装置，是利用电流通过电阻丝发热来加热空气的设备。

空气加湿装置是用来增加空气含水蒸气量（含湿量）的装置。对空气加湿的形式分为在空调设备或送风管道内对送入空调房间的空气集中加湿和在空调房间内直接对空气进行局部补充加湿两种。按与空气接触的是水还是水蒸气，将空气加湿装置分为水加湿装置和蒸汽加湿装置。

空气除湿（或称减湿、去湿、降湿处理）方法除了前述的喷水室除湿、表面式换热器除湿外，还有加热通风除湿、冷冻除湿、液体吸湿剂除湿和固定吸湿剂除湿。

空气过滤器（除尘式）是在空调过程中用于把含尘量较高的空气进行净化处理的设备。按过滤效率来分类可分为初效过滤器、中效过滤器、亚高效过滤器和高效过滤器三类。除气式空气净化处理设备能够除去室内空气中有害气体：二氧化硫、硫化氢、氨气、氮氧化物及部分挥发性有机物。一般有：物理吸附式室内空气净化器、化学式室内空气净化器、光触媒和冷触媒催化分解空气净化器、离子化法室内空气净化器、遮盖法室内空气净化器。

5.2　通风与空调工程施工图识图

5.2.1　通风与空调工程施工图的构成

通风与空调施工图包括图纸目录、选用图集（纸）目录、设计施工说明、图例、设备及主要材料表、总图、工艺图、系统图、平面图、剖面图、详图等。

5.2.1.1　图纸目录

包括在工程中使用的标准图纸或其他工程图纸目录和该工程的设计图纸目录。在图纸目录中必须完整地列出该工程设计图纸名称、图号、图幅、备注等。

5.2.1.2　设计施工说明

通风与空调施工图的设计说明内容有建筑概况、设计标准、系统及其设备安装要求、空调水系统、防排烟系统、空调冷冻机房等。

（1）建筑概况。介绍建筑物的面积、空调面积、高度和使用功能，对空调工程的要求。

（2）设计标准。室外气象参数，夏季和冬季的温湿度及风速。室内设计标准，即各空调房间夏季和冬季的设计温度、湿度、新风量要求及噪音标准等。

（3）空调系统及其设备。对整栋建筑的空调方式和各空调房间所采用的空调设备进行简要说明；对空调装置提出安装要求。

（4）空调水系统。系统类型、所选管材和保温材料的安装要求，系统防腐、试压和排污要求。

（5）防排烟系统。机械送风、机械排风或排烟的设计要求和标准。

（6）空调冷冻机房。冷冻机组、水泵等设备的规格型号、性能和台数，以及它们的安装要求。

5.2.1.3　平面图和剖面图

平面图表示各层和各房间的通风（包括防排烟）与空调系统的风道、水管、阀门、风口和设备的布置情况，并确定它们的平面位置，包括风、水系统平面图，空调机房平面图，制冷机房平面图等。

剖面图主要表示设备和管道的高度变化情况，并确定设备和管道的标高、距地面的高度、管道和设备相互的垂直间距。

5.2.1.4　风管系统图

风管系统图表示风管系统在空间位置上的情况，并反映干管、支管、风口、阀门、风机等的位置关系，还标有风管尺寸、标高；与平面图结合可说明系统全貌。

5.2.1.5　工艺图（原理图）

一般反映空调制冷站制冷原理和冷冻水、冷却水的工艺流程，使施工人员全面了解整个水系统或制冷工艺。原理图（即工艺流程图）可不按比例绘制。

5.2.1.6　详图

上述图中未能反映清楚，又无国家或地区标准图，则用详图进行表示。例如，同一平面图中多管交叉安装，须用节点详图表达清楚各管在平面和高度上的位置关系。

5.2.1.7　材料表

材料（设备）表列出材料（设备）名称、规格或性能参数、技术要求、数量等。

5.2.2　通风与空调工程施工图的识图

5.2.2.1　通风与空调工程施工图的图例

通风与空调工程常用图例见表5.1～表5.5。

表 5.1　　　　　　　　　　　常用的管道图例

序号	名称	图例	序号	名称	图例
1	风管		4	矩形三通	
2	异径风管		5	矩形四通	
3	天圆地方		6	弯头	

表 5.2　　　　　　　　　　　　　　　　　　常用的风管阀门图例

序号	名　　称	图　　例
1	插板阀	
2	对开多叶调节阀	
3	风管止回阀	气流方向　气流方向
4	三通调节阀	气流方向　气流方向　气流方向
5	70℃常开防火阀	
6	280℃常闭防火阀	

表 5.3　　　　　　　　　　　　　　常用的管道阀门图例

序号	名　称	图　例	序号	名　称	图　例
1	截止阀		4	闸阀	
2	蝶阀		5	单向阀	
3	阀门		6	球阀	

表 5.4　　　　　　　　　　　　　　常用的空调设备

序号	名　称	图　例	序号	名　称	图　例
1	贯流空气幕		3	轴流风机	
2	离心风机		4	风机盘管	

序号	名　称	图　例	序号	名　称	图　例
1	单层百叶风口		4	方形散流器	
2	圆形散流器		5	侧送风百叶窗口	
3	条形风口				

表 5.5 　　常用的空调风口

5.2.2.2　通风与空调工程施工图的标注

1. 定位尺寸标注

平、剖面图中应注出设备、管道中心线与建筑定位轴线间的间距尺寸。

2. 风管规格标注

风管规格用管径或断面尺寸表示。圆形风管规格用其外径表示，直径数字前冠以拉丁字母 ϕ。如 $\phi650$ 表示外径 650mm 的圆形风管。矩形风管规格的截面尺寸用"截面宽×截面高"表示。如图 5.29，风管标注为 600×250，表示该风管截面宽 600mm，高 250mm。

3. 水管规格标注

焊接钢管规格用公称直径表示，DN××。如 DN32，表示管道公称直径为 32mm。无缝钢管和铜管的规格用"外径×壁厚"表示。金属软管和塑料软管用公称内径表示，De××。塑料硬管用外径表示，D××。

4. 标高

在空调施工图中，建筑各部分的高度和被安装物体（风管、水管、设备）的高度用标高这个方法来表

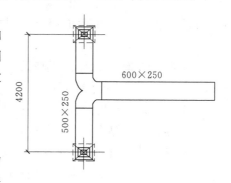

图 5.29　矩形风管标注（单位：mm）

示。它的符号为　　　　　。下面的横线为某处高度的界限，三角形上的横线上标注为该处的高度，标高的单位为"m"。标高时先设定标高的零点，通常为底层标高，与该零点相比较，高于它的位置，标高为正；低于它的位置为负。

5.2.2.3　通风与空调工程施工图的识图

识读通风与空调施工图时，先读设计说明，对整个工程建立全面的概念；再识读原理图，了解水系统的工艺流程后，识读风管系统图。领会两种介质的工艺流程后，再读各层、各通风空调房间、制冷站、空调机房等的平面图。在识读过程中，按介质的流动方向读，原理图、系统图、平面图相互结合交叉阅读，能达到较好效果。

对于风系统图的阅读可以先从空调箱开始阅读，逆风流动方向看到新风口，顺风流动方向看至房间，再至回风干管、空调箱，再看回风干管至排风管、排风口这一支路。对于风系统，送风管与回风管的区别在于：以房间为界，送风管一般将送风口在房间内均匀布置，管路复杂；回风管一般集中布置，管路相对简单。回风管一般与新风管相接，然后一起混合被空调箱吸入，经过空调箱处理后送至送风管。送风口一般为双层百叶、方形散流器、圆形散流器、条形送风口等，回风口一般为单层百叶、单层隔栅等。

5.3 通风空调工程计量与计价

5.3.1 通风空调工程定额及应用

5.3.1.1 定额的适用范围

《全国统一安装工程预算定额》第九册《通风空调工程》适用于工业与民用建筑中新建、扩建项目中的通风、空调工程。

通风、空调的刷油、绝热、防腐蚀，执行第十一册《刷油、防腐蚀、绝热工程》相应定额。

（1）薄钢板风管刷油按其工程量执行相应项目，仅外（或内）面刷油者，定额乘以系数1.2，内外均刷油者，定额乘以系数1.1（其法兰加固框、吊托支架已包括在此系数内）。

（2）薄钢板部件刷油按其工程量执行金属结构刷油项目，定额乘以系数1.15。

（3）不包括在风管工程量内而单独列项的各种支架（不锈钢吊托支架除外）按其工程量执行相应项目。

（4）薄钢板风管、部件以及单独列项的支架，其除锈不分锈蚀程度，一律按其第一遍刷油的工程量执行轻锈相应项目。

（5）绝热保温材料不需黏结者，执行相应项目时需减去其中的黏结材料，人工乘以系数0.5。

（6）风道及部件在加工厂预制的，其场外运费由各省（自治区、直辖市）自行制定。

5.3.1.2 关于各项费用的规定

（1）脚手架搭拆费。脚手架搭拆费等于单位工程全部定额人工费乘以脚手架搭拆费费率，通风空调工程脚手架搭拆费按人工费的3%计算，其中人工工资占25%。

（2）高层建筑增加费。高层建筑增加费（指高度在6层以上或檐高在20m以上的工业和民用建筑）按表5.6计算高层建筑增加费（其中全部为人工工资）。

表 5.6　　　　　　　　　　通风空调工程高层建筑增加费

层　　数	9层以下 (30m)	12层以下 (40m)	15层以下 (50m)	18层以下 (60m)	21层以下 (70m)	24层以下 (80m)
按人工费的百分比（%）	1	2	3	4	5	6
层　　数	27层以下 (90m)	30层以下 (100m)	33层以下 (110m)	36层以下 (120m)	39层以下 (130m)	42层以下 (140m)
按人工费的百分比（%）	8	10	13	16	19	22
层　　数	45层以下 (150m)	48层以下 (160m)	51层以下 (170m)	54层以下 (180m)	57层以下 (190m)	60层以下 (200m)
按人工费的百分比（%）	25	28	31	34	37	40

（3）工程超高增加费。超高增加费是指实际操作高度超过定额考虑的操作高度时计取的费用。通风空调工程操作高度6m以上的工程，按超高部分人工费的15%计算。

（4）系统调整费按系统工程人工费的13%计算，其中人工工资占25%。

（5）安装与生产同时进行时增加的费用，按人工费的10%计算。

（6）在有害身体健康的环境中施工增加的费用，按人工费的10%计算。

5.3.2 通风空调工程清单及应用

《通用安装工程工程量计算规范》（GB 50856—2013）附录G为"通风空调工程"。

1 通风及空调设备及部件制作安装（编码：030701）

通风及空调设备及部件制作安装工程量清单项目设置、项目特征描述的内容、计量单位及工程量计算规则，应按表5.7的规定执行。

表5.7 通风及空调设备及部件制作安装

项目编码	项目名称	项目特征	计量单位	工程量计算规则	工作内容
030701001	空气加热器（冷却器）	1. 名称 2. 型号 3. 规格 4. 质量 5. 安装形式 6. 支架形式、材质	台	按设计图示数量计算	1. 本体安装 2. 设备支架制作、安装 3. 补刷（喷）油漆
030701002	除尘设备				
030701003	空调器	1. 名称 2. 型号 3. 规格 4. 安装形式 5. 质量 6. 隔震垫（器）、支架形式、材质	台（组）		1. 本体安装或组装调试 2. 设备支架制作、安装 3. 补刷（喷）油漆
030701004	风机盘管	1. 名称 2. 型号 3. 规格 4. 安装形式 5. 减振器、支架形式、材质 6. 试压要求	台		1. 本体安装、调试 2. 支架制作、安装 3. 试压 4. 补刷（喷）油漆
030701005	表冷器	1. 名称 2. 型号 3. 规格			1. 本体安装 2. 型钢制作、安装 3. 过滤器安装 4. 挡水板安装 5. 调试及运转 6. 补刷（喷）油漆
030701006	密闭门	1. 名称 2. 型号 3. 规格 4. 形式 5. 支架形式、材质	个		1. 本体制作 2. 本体安装 3. 支架制作、安装
030701007	挡水板				
030701008	滤水器、溢水盘				
030701009	金属壳体				
030701010	过滤器	1. 名称 2. 型号 3. 规格 4. 类型 5. 框架形式、材质	1. 台 2. m²	1. 以台计量，按设计图示数量计算 2. 以面积计量，按设计图示尺寸以过滤面积计算	1. 本体安装 2. 框架制作、安装 3. 补刷（喷）油漆

项目编码	项目名称	项目特征	计量单位	工程量计算规则	工作内容
030701011	净化工作台	1. 名称 2. 型号 3. 规格 4. 类型	台	按设计图示数量计算	1. 本体安装 2. 补刷（喷）油漆
030701012	风淋室	1. 名称 2. 型号 3. 规格 4. 类型 5. 质量			
030701013	洁净室	1. 名称 2. 型号 3. 规格 4. 类型			
030701014	除湿机	1. 名称 2. 型号 3. 规格 4. 类型			本体安装
030701015	人防过滤吸收器	1. 名称 2. 规格 3. 形式 4. 材质 5. 支架形式、材质			1. 过滤吸收器安装 2. 支架制作、安装

注：通风空调设备安装的地脚螺栓按设备自带考虑。

2　通风管道制作安装（编码：030702）

通风管道制作安装工程量清单项目设置、项目特征描述的内容、计量单位及工程量计算规则，应按表5.8的规定执行。

表5.8　　　　　　　　　　通风管道制作安装

项目编码	项目名称	项目特征	计量单位	工程量计算规则	工作内容
030702001	碳钢通风管道	1. 名称 2. 材质 3. 形状 4. 规格 5. 板材厚度 6. 管件、法兰等附件及支架设计要求 7. 接口形式	m²	按设计图示内径尺寸以展开面积计算	1. 风管、管件、法兰、零件、支吊架制作、安装 2. 过跨风管落地支架制作、安装
030702002	净化通风管道				
030702003	不锈钢板通风管道	1. 名称 2. 形式 3. 规格 4. 板材厚度 5. 管件、法兰等附件及支架设计要求 6. 接口形式		按设计图示内径尺寸以展开面积计算	1. 风管、管件、法兰、零件、支吊架制作、安装 2. 过跨风管落地支架制作、安装
030702004	铝板通风管道				
030702005	塑料通风管道				

续表

项目编码	项目名称	项目特征	计量单位	工程量计算规则	工作内容
030702006	玻璃钢通风管道	1. 名称 2. 形状 3. 规格 4. 板材厚度 5. 支架形式、材质 6. 接口形式	m²	按设计图示外径尺寸以展开面积计算	1. 风管、管件安装 2. 支吊架制作、安装 3. 过跨风管落地支架制作、安装
030702007	复合型风管	1. 名称 2. 材质 3. 形状 4. 规格 5. 板材厚度 6. 接口形式 7. 支架形式、材质			
030702008	柔性软风管	1. 名称 2. 材质 3. 规格 4. 风管接头、支架形式、材质	1. m 2. 节	1. 以米计量,按设计图示中心线以长度计算 2. 以节计量,按设计图示数量计算	1. 风管安装 2. 风管接头安装 3. 支吊架制作、安装
030702009	弯头倒流叶片	1. 名称 2. 材质 3. 规格 4. 形式	1. m² 2. 组	1. 以面积计量,按设计图示以展开面积计算 2. 以组计量,按设计图示数量计算	1. 制作 2. 组装
030702010	风管检查孔	1. 名称 2. 材质 3. 规格	1. kg 2. 个	1. 以千克计量,按风管检查孔质量计算 2. 以个计量,按设计图示数量计算	1. 制作 2. 安装
030702011	温度、风量测定孔	1. 名称 2. 材质 3. 规格 4. 设计要求	个	按设计图示数量计算	1. 制作 2. 安装

注：1. 风管展开面积,不扣除检查孔、测定孔、送风口、吸风口等所占面积；风管长度一律以设计图示中心线长度为准（主管与支管以其中心线交点划分）,包括弯头、三通、变径管、天圆地方等管件的长度,但不包括部件所占的长度。风管展开面积不包括风管、管口重叠部分面积。
　　2. 穿墙套管按展开面积计算,计入通风管道工程量中。
　　3. 通风管道的法兰垫料或封口材料,按图纸要求应在项目特征中描述。
　　4. 净化通风管的空气洁净度按100000级标准编制,净化通风管使用的型钢材料如要求镀锌时,工作内容应注明支架镀锌。
　　5. 弯头导流叶片数量,按设计图纸或规范要求计算。
　　6. 风管检查孔、温度测定孔、风量测定孔数量,按设计图纸或规范要求计算。

3　通风管道部件制作安装（编码：030703）

　　通风管道部件制作安装工程量清单项目设置、项目特征描述的内容、计量单位及工程量计算规则,应按表5.9的规定执行。

表 5.9　　　　　　　　　　通风管道部件制作安装

项目编码	项目名称	项目特征	计量单位	工程量计算规则	工作内容
030703001	碳钢阀门	1. 名称 2. 型号 3. 规格 4. 质量 5. 类型 6. 支架形式、材质			1. 阀体制作 2. 阀体安装 3. 支架制作、安装
030703002	柔性软风管阀门	1. 名称 2. 规格 3. 材质 4. 类型			阀体安装
030703003	铝蝶阀	1. 名称 2. 规格 3. 质量 4. 类型			
030703004	不锈钢蝶阀				
030703005	塑料阀门	1. 名称 2. 型号 3. 规格 4. 类型			
030703006	玻璃钢蝶阀		个	按设计图示数量计算	
030703007	碳钢风口、散流器、百叶窗	1. 名称 2. 型号 3. 规格 4. 质量 5. 类型 6. 形式			1. 风口制作、安装 2. 散流器制作、安装 3. 百叶窗安装
030703008	不锈钢风口、散流器、百叶窗	1. 名称 2. 型号 3. 规格 4. 质量 5. 类型 6. 形式			
030703009	塑料风口、散流器、百叶窗				
030703010	玻璃钢风口	1. 名称 2. 型号 3. 规格 4. 类型 5. 形式			风口安装
030703011	铝及铝合金风口、散流器				1. 风口制作、安装 2. 散流器制作、安装
030703012	碳钢风帽	1. 名称 2. 规格 3. 质量 4. 类型 5. 形式 6. 风帽筝绳、泛水设计要求			1. 风帽制作、安装 2. 筒形风帽滴水盘制作、安装 3. 风帽筝绳制作、安装 4. 风帽泛水制作、安装
030703013	不锈钢风帽				
030703014	塑料风帽				

续表

项目编码	项目名称	项目特征	计量单位	工程量计算规则	工作内容
030703015	铝板伞形风帽	1. 名称 2. 规格 3. 质量 4. 类型 5. 形式 6. 风帽筝绳、泛水设计要求	个	按设计图示数量计算	1. 板伞形风帽制作、安装 2. 风帽筝绳制作、安装 3. 风帽泛水制作、安装
030703016	玻璃钢风帽				1. 玻璃钢风帽安装 2. 筒形风帽滴水盘安装 3. 风帽筝绳安装 4. 风帽泛水安装
030703017	碳钢罩类	1. 名称 2. 型号 3. 规格 4. 质量 5. 类型 6. 形式			1. 罩类制作 2. 罩类安装
030703018	塑料罩类				
030703019	柔性接口	1. 名称 2. 规格 3. 材质 4. 类型 5. 形式	m²	按设计图示尺寸以展开面积计算	1. 柔性接口制作 2. 柔性接口安装
030703020	消声器	1. 名称 2. 规格 3. 材质 4. 形式 5. 质量 6. 支架形式、材质	个	按设计图示数量计算	1. 消声器制作 2. 消声器安装 3. 支架制作安装
030703021	静压箱	1. 名称 2. 规格 3. 形式 4. 材质 5. 支架形式、材质	1. 个 2. m²	1. 以个计量，按设计图示数量计算 2. 以平方米计量，按设计图示尺寸以展开面积计算	1. 静压箱制作、安装 2. 支架制作、安装
030703022	人防超压自动排气阀	1. 名称 2. 型号 3. 规格 4. 类型	个	按设计图示数量计算	安装
030703023	人防手动密闭阀	1. 名称 2. 型号 3. 规格 4. 支架形式、材质			1. 密闭阀安装 2. 支架制作、安装
030703024	人防其他部件	1. 名称 2. 型号 3. 规格 4. 类型	个（套）		安装

4　通风工程检测、调试（编码：030704）

通风工程检测、调试工程量清单项目设置、项目特征描述的内容、计量单位及工程量计算规则，应按表 5.10 的规定执行。

表 5.10　　　　　　　　　　　　　　　通风管道部件制作安装

项目编码	项目名称	项目特征	计量单位	工程量计算规则	工作内容
030704001	通风工程检测、调试	风管工程量	系统	按通风系统计算	1. 通风管道风量测定 2. 风压测定 3. 温度测定 4. 各系统风口、阀门调整
030704002	风管漏光试验、漏风试验	漏光试验、漏风试验、设计要求	m^2	按设计图纸或规范要求以展开面积计算	通风管道漏光试验、漏风试验

5.3.3　通风空调工程计量与计价方法

5.3.3.1　通风与空调工程管道工程量的计算

1. 计算规则

（1）风管制作安装根据设计图所示管道规格不同，按不同截面形状的展开面积计算，不扣除检查孔、送风口、吸风口、测定孔等所占面积；风管、管口咬口重叠部分已包括在定额内，不另增加。

（2）风管长度一律以图示中心线长度为准（主管与支管以其中心线交点划分），包括弯头、三通、变径管、天圆地方等管件的长度，但不包括部件所占长度。

（3）风管直径或周长按图示尺寸为准展开（塑料风管、复合型材料的风管直径或周长以内直径或内周长为准）。

（4）渐缩管：圆形风管按平均直径计算，矩形风管按平均周长计算。

（5）柔性软风管按设计图中心线长度计算，包括弯头、三通、变径管、天圆地方等管件的长度，但不包括部件所占长度；以"m"为单位计量。

（6）柔性软风管阀门安装，以"个"为单位计量。

（7）空调风管保温工程的工程量计算参照绝热工程中管道绝热工程量计算规则进行计算，也可以采用查表法计算保温工程量。

2. 计算方法

（1）圆形、矩形直风管（图 5.30）。

圆形直风管展开面积：

$$F = \pi D L$$

矩形直风管展开面积：

$$F = 2(A + B)L$$

（2）圆形异径管、矩形异径管（大小头）（图 5.31）。

圆形异径管展开面积：

$$F = \frac{D_1 + D_2}{2} \pi L$$

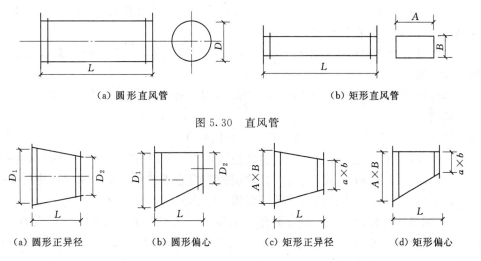

（a）圆形直风管　　　　　　　　（b）矩形直风管

图 5.30　直风管

（a）圆形正异径　　（b）圆形偏心　　（c）矩形正异径　　（d）矩形偏心

图 5.31　异径管

矩形异径管展开面积：

$$F=(A+B+a+b)L$$

（3）天圆地方（图 5.32）。

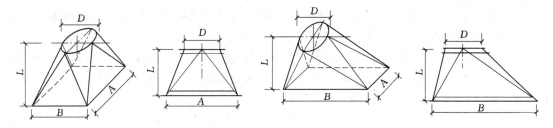

图 5.32　天圆地方

天圆地方展开面积：

$$L \geqslant 5D$$

$$F=\left[\frac{D\pi}{2}+A+B\right]L$$

3. 定额应用注意事项

（1）镀锌薄钢板定额项目中的板材是按镀锌薄钢板编制的，如设计要求不同时，板材可以换算，其他不变。薄钢板、不锈钢、铝板及净化风管定额项目中的板材，如设计要求厚度不同者可以换算，但人工、机械台班不变。

（2）风管导流叶片不分单叶片或双叶片均套用同一定额项目。

（3）整个通风系统设计采用渐缩均匀送风者，圆形风管按平均直径、矩形风管按平均周长套用相应定额项目，其人工乘以系数 2.5。

（4）制作空气幕送风管时，按矩形风管平均周长套用相应定额项目，其人工乘以系数 3.0，其他不变。

（5）净化风管的空气洁净度按 100000 级标准编制；净化风管所用型钢按图纸要求镀锌时，镀锌费另列。

（6）不锈钢板风管要求使用手工氩弧焊时，其人工乘以系数 1.238，材料乘以系数 1.163，机械台班乘以系数 1.673。

（7）铝板风管要求使用手工氩弧焊时，其人工乘以系数 1.154，材料乘以系数 0.852，机械台班乘以系数 9.242。

（8）柔性软风管是指金属、涂塑化纤织物、聚酯、聚乙烯、聚氯乙稀薄膜、铝箔等材料制成的软风管。

（9）软管接头使用人造革而不使用帆布者可以换算。

（10）薄钢板通风管道定额项目中的法兰垫料，设计采用材料品种不同时可以换算，但人工不变。使用泡沫塑料时，每"1kg"橡胶板换算为泡沫塑料"0.125kg"；使用闭孔乳胶海绵时，每"1kg"橡胶板换算为闭孔乳胶海绵"0.5kg"。

（11）机制风管拼装执行相应风管制作安装项目，其中人工、机械乘以系数 0.6，材料费乘以 0.8（法兰、加固框、吊托支架已综合考虑，不另计算）。机制风管按设计图示，以展开面积加 2% 损耗量计算材价。

（12）定额项目中的净化风管涂密封胶按全部口缝外表面涂抹考虑；设计要求口缝处不涂抹、而只在法兰处涂抹时，每 10m² 风管减少密封胶用量 1.5kg 和人工 0.37 工日。

（13）净化圆形风管执行净化矩形风管相应定额项目。

（14）塑料风管制作安装定额项目中的规格是指直径为内径，周长为内周长；主体板材是指每 10m² 定额用量为 11.6m²；设计要求厚度不同时可以换算，但人工、机械不变；法兰垫料设计采用材料品种不同时可以换算，但人工不变。

（15）塑料风管管件制作的胎具摊销材料费，未包括在定额项目内，按下列规定计取：风管工程量在 30m² 以上的，每 10m² 风管的胎具摊销木材为 0.06m³；风管工程量在 30m² 以下的，每 1m² 风管的胎具摊销木材为 0.09m³。

（16）薄钢板、防火板、净化、玻璃钢、复合型通风管道制作安装定额项目中包括法兰、加固框、吊托支架的制作安装，但不包括过跨风管落地支架；落地支架套用设备支架定额项目。

（17）不锈钢、铝板风管制作安装定额项目中包括管件，但不包括法兰和吊托支架。

（18）塑料风管制作安装定额项目中包括管件、法兰、加固框，但不包括吊托支架。

（19）风管刷油工程量，按风管制作安装工程量执行有关项目；仅外（或内）面刷油者基价乘以系数 1.2，内外均刷油者基价乘以系数 1.1（其法兰、加固框、吊托支架已包括在此数内）。

（20）风管部件刷油工程量，按风管部件重量执行金属结构刷油项目基价乘以系数 1.15。

（21）风管支架、法兰、加固框需单独刷油时，其工程量按设计施工图计算，套用金属结构刷油子目定额。

（22）薄钢板风管刷油执行第十一册中管道除锈、刷油相应子目。薄钢板部件刷油套用第十一册中金属结构刷油相应子目。

（23）薄钢板风管、部件及单独列项的支架，其除锈不分锈蚀程度，均按其第一遍刷油的工程量套用除轻锈相应子目。

5.3.3.2　通风管道部件制作安装的工程量计算

1. 计算规则

（1）碳钢调节阀制作工程量以"重量"计量，按"100kg"为计量单位；调节阀重量按设计图示规格型号，采用国际通用部件重量。

（2）碳钢调节阀安装工程量以"个"为计量单位，未包含除锈、刷油工程量。

（3）若碳钢调节阀为成品时，以"个"为计量单位，只计算安装费。

（4）密闭式对开多叶调节阀与手动式对开多叶调节阀套用同一子目。

（5）塑料调节阀制作安装工程量以"重量"计量，按"100kg"为计量单位；重量按设计图示规格型号。

2. 定额应用注意事项

（1）调节阀制作定额项目按材质、阀口形状、阀芯形状及调节阀功能，分别以重量划分定额子目，调节阀安装定额项目按结构和周长划分定额子目。

（2）风口、散流器制作安装定额项目按风口结构、材质，分别以风口、散流器重量划分制作定额子目；风口、散流器安装，以风口、散流器周长划分定额子目。

（3）风帽制作安装定额项目按材质、风帽形状及结构，分别以风帽重量划分定额子目；其中风帽泛水以泛水面积划分定额子目。

（4）罩类制作安装定额项目按罩的功能划分子目。

（5）消声器制作安装定额项目按消声器的结构、消声材料划分定额子目。

5.3.3.3 空调设备的工程量计算

1. 计算规则

（1）碳钢调节阀制作工程量以"重量"计量，按"100kg"为计量单位；调节阀重量按设计图示规格型号，采用国际通用部件重量。

（2）碳钢调节阀安装工程量以"个"为计量单位，未包含除锈、刷油工程量。

（3）若碳钢调节阀为成品时，以"个"为计量单位，只计算安装费。

（4）密闭式对开多叶调节阀与手动式对开多叶调节阀套用同一子目。

（5）塑料调节阀制作安装工程量以"重量"计量，按"100kg"为计量单位；重量按设计图示规格型号。

2. 定额应用注意事项

（1）风机减振台使用设备支架子目，定额中不包括减振器用量，其用量按设计图确定。

（2）冷冻机组站内的设备、管道安装套用综合定额第一册《机械设备安装工程》和第六册《工业管道工程》相应项目，管道起止计算至站外墙皮；外墙皮以外通往空调设备的供热、供冷、供水等管道，小区内套用第八册《给排水、采暖、燃气工程》相应项目，小区外执行市政定额相应项目。为满足生产工艺要求的管道套用第六册《工业管道工程》相应项目。

（3）特殊材料通风机的安装（不锈钢、塑料通风机等）套用通风机安装子目；通风机安装包括机器驱动装置（电动机）的安装。

（4）通风空调系统中诱导器的安装按风机盘管套用相应子目。

（5）设备安装子目的定额基价中不包括设备费和应配备的地脚螺栓费用。

（6）通风及空调设备支架制作安装套用第五册中工艺金属结构制作安装相应子目。

5.3.4 通风空调工程案例分析

【例 5.1】 某办公楼部分房间的通风空调系统，图 5.33 为新风支管安装图，图 5.34 为通风管道平面图，图 5.35 为空调管路平面图。

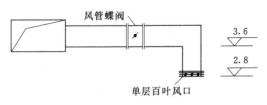

图 5.33　新风支管安装图

（1）工程风管采用镀锌铁皮，咬口连接。其中：矩形风管 800mm×400mm，镀锌铁皮 $\delta=0.75$mm；矩形风管 400mm×160mm、320mm×160mm、250mm×160mm、200mm×160mm、160mm×160mm、160mm×120mm、镀锌铁皮 $\delta=0.5$mm。

（2）图中所有的风管阀门的长度均为 200mm，风机软接头长度为 300mm。

（3）通风管道上设温度测定孔和风量测定孔各一个。

（4）空调水管采用镀锌钢管，螺纹连接，接风机盘管的支管管径均为 DN25，长度均为 5m，水管暂只计取水平部分工程量。

（5）本工程措施费用只计取安全文明施工费和脚手架搭拆费，其他费用中计取暂列金额 20000 元。

试计算该通风空调系统工程量，并编制分部分项工程量清单，计算工程造价。

相关材料、部件及计算表格见表 5.11～表 5.40。

表 5.11　　　　　　　　　工 程 量 计 算 表

序号	项目名称	计 算 式	单位	数量
1	空调管道			
1.1	供水管 DN70	1.6＋5.8＋3.2＝10.6	m	10.6
1.2	供水管 DN50	3.9＋3.9＝7.8	m	7.8
1.3	供水管 DN40	3.9	m	3.9
1.4	供水管 DN32	3＋7.4＝10.4	m	10.4
1.5	供水管 DN25	1.6＋5×7＝36.5	m	36.5
1.6	回水管 DN70	1.6＋5.8＋3.2＝10.6	m	10.6
1.7	回水管 DN50	3.9＋3.9＝7.8	m	7.8
1.8	回水管 DN40	3.9	m	3.9
1.9	回水管 DN32	3＋7.4＝10.4	m	10.4
1.10	回水管 DN25	1.6＋5×7＝36.5	m	36.5
1.11	冷凝管 DN32	3.3＋3.2＋3.9×3＋3＝21.2	m	21.2
1.12	冷凝管 DN25	7.4＋1.6＋5×7＝44	m	44
2	通风管道			
2.1	风管 800mm×400mm	(0.9－0.2)×[(0.8＋0.4)×2]＝1.68	m²	1.68
2.2	风管 400mm×160mm	(4＋3.5＋4－0.2)×[(0.4＋0.16)×2]＝12.656	m²	12.656
2.3	风管 300mm×160mm	3.9×[(0.3＋0.16)×2]＝3.588	m²	3.588
2.4	风管 250mm×160mm	3.9×[(0.25＋0.16)×2]＝3.198	m²	3.198
2.5	风管 200mm×160mm	3×[(0.2＋0.16)×2]＝2.16	m²	2.16
2.6	风管 160mm×160mm	4.1×[(0.16＋0.16)×2]＝2.624	m²	2.624
2.7	风管 160mm×120mm	[4.8＋2.7×7＋(3.6－2.8)×7－0.2×7] ×[(0.16＋0.12)×2]＝15.624	m²	15.624
2.8	软管接头	0.3×[(0.8＋0.4)×2]＋0.3×[(0.4＋0.16)×2]＝1.056	m²	1.056

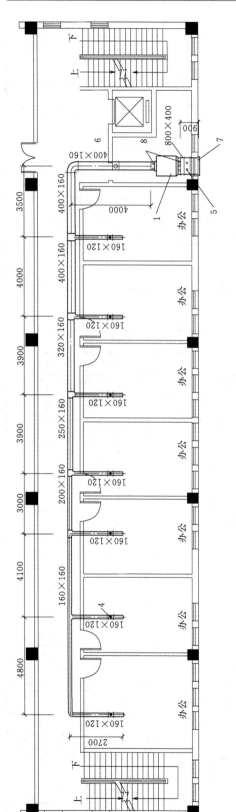

图 5.34 通风管道平面图（单位：mm）

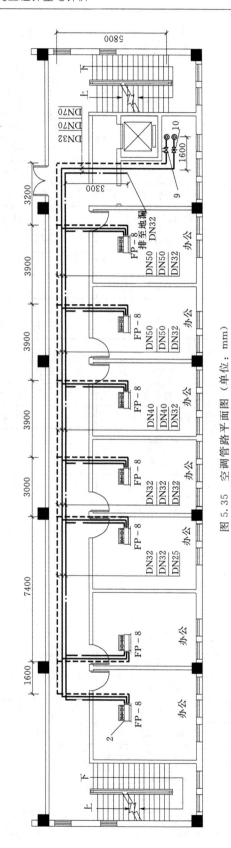

图 5.35 空调管路平面图（单位：mm）

表 5.12

设 备 部 件 表

序号	名　称	型号及规格	单位	数量
1	新风机	BFP－2.0D，风量：2000m/H	台	1
2	风机盘管	FP－8，自带风口	台	7
3	单层百叶风口	160mm×120mm	个	7
4	风管蝶阀	160mm×120mm	个	7
5	对开多叶调节阀	800mm×400mm	个	1
6	70℃防火阀	400mm×160mm	个	1
7	防雨百叶风口	800mm×400mm	个	1
8	软管接头	800mm×400mm/400mm×160mm	m²	1.056
9	平衡阀	DN70	个	1
10	闸阀	DN70	个	1

表 5.13

工 程 量 汇 总 表

序号	名　称	规格型号	单位	数量
1	新风机	BFP－2.0D，风量：2000m/H	台	1
2	风机盘管	FP－8，自带风口	台	7
3	单层百叶风口	160mm×120mm	个	7
4	风管蝶阀	160mm×120mm	个	7
5	对开多叶调节阀	800mm×400mm	个	1
6	70℃防火阀	400mm×160mm	个	1
7	防雨百叶风口	800mm×400mm	个	1
8	软管接头	800mm×400mm/400mm×160mm	m²	1.056
9	平衡阀	DN70	个	1
10	闸阀	DN70	个	1
11	镀锌钢管	DN70	m	21.2
12	镀锌钢管	DN50	m	15.6
13	镀锌钢管	DN40	m	7.8
14	镀锌钢管	DN32	m	42
15	镀锌钢管	DN25	m	117
16	镀锌铁皮	大边长 1000mm 以内，δ＝0.75mm	m²	1.68
17	镀锌铁皮	大边长 630mm 以内，δ＝0.5mm	m²	12.656
18	镀锌铁皮	大边长 320mm 以内，δ＝0.5mm	m²	27.194
19	温度测定孔		个	1
20	风量测定孔		个	1
21	通风工程检测、调试		系统	1

表 5.14 分部分项工程和单价措施项目清单与计价表

序号	子目编码	子目名称	子目特征描述	计量单位	工程量	金额（元）		
						综合单价	合价	其中：暂估价
		整个项目						
1	030701003001	空调器	1. 名称：新风机 2. 型号：BFP-2.0D 3. 规格：风量：2000m³/h 4. 安装形式：吊顶式 5. 质量：0.4t以内	台	1	5601.61	5601.61	
2	030701004001	风机盘管	1. 名称：风机盘管 2. 型号：FP-8 3. 安装形式：吊顶式	台	7	2315.7	16209.9	
3	030703011001	铝及铝合金风口、散流器	1. 名称：单层百叶风口 2. 规格：160mm×120mm	个	7	57.7	403.9	
4	030703001001	碳钢阀门	1. 名称：风管蝶阀 2. 规格：160mm×120mm	个	7	146.96	1028.72	
5	030703001002	碳钢阀门	1. 名称：对开多叶调节阀 2. 规格：800mm×400mm	个	1	257.17	257.17	
6	030703001003	碳钢阀门	1. 名称：70℃防火阀 2. 规格：400mm×160mm	个	1	376.32	376.32	
7	030703011002	铝及铝合金风口、散流器	1. 名称：防雨百叶风口 2. 规格：800mm×400mm	个	1	171.72	171.72	
8	030702008001	柔性软风管	1. 名称：帆布软管接头 2. 材质：三防布	m²	1.06	353.61	374.83	
9	030702001001	碳钢通风管道	1. 名称：碳钢风管 2. 材质：镀锌薄钢板 3. 形状：矩形 4. 规格：大边长1000mm以内 5. 板材厚度：0.75mm 6. 管件、法兰等附件及支架设计要求：型材制作安装 7. 接口形式：咬口连接	m²	1.68	91.73	154.11	
10	030702001002	碳钢通风管道	1. 名称：碳钢风管 2. 材质：镀锌薄钢板 3. 形状：矩形 4. 规格：大边长630mm以内 5. 板材厚度：0.5mm 6. 管件、法兰等附件及支架设计要求：型材制作安装 7. 接口形式：咬口连接	m²	12.66	100.85	1276.76	

续表

序号	子目编码	子目名称	子目特征描述	计量单位	工程量	综合单价	合价	其中：暂估价
11	030702001003	碳钢通风管道	1. 名称：碳钢风管 2. 材质：镀锌薄钢板 3. 形状：矩形 4. 规格：大边长 320mm 以内 5. 板材厚度：0.5mm 6. 管件、法兰等附件及支架设计要求：型材制作安装 7. 接口形式：咬口连接	m²	27.19	139.79	3800.89	
12	030702011001	温度、风量测定孔	1. 名称：温度测量孔	个	1	68.51	68.51	
13	030702011002	温度、风量测定孔	1. 名称：风量测量孔	个	1	68.51	68.51	
14	031001001001	镀锌钢管	1. 安装部位：室内 2. 介质：水 3. 规格、压力等级：DN70 4. 连接形式：螺纹连接 5. 压力试验及吹、洗设计要求：水压试验	m	21.2	76.46	1620.95	
15	031001001002	镀锌钢管	1. 安装部位：室内 2. 介质：水 3. 规格、压力等级：DN50 4. 连接形式：螺纹连接 5. 压力试验及吹、洗设计要求：水压试验	m	15.6	64.97	1013.53	
16	031001001003	镀锌钢管	1. 安装部位：室内 2. 介质：水 3. 规格、压力等级：DN40 4. 连接形式：螺纹连接 5. 压力试验及吹、洗设计要求：水压试验	m	7.8	57.07	445.15	
17	031001001004	镀锌钢管	1. 安装部位：室内 2. 介质：水 3. 规格、压力等级：DN32 4. 连接形式：螺纹连接 5. 压力试验及吹、洗设计要求：水压试验	m	42	49.32	2071.44	
18	031001001005	镀锌钢管	1. 安装部位：室内 2. 介质：水 3. 规格、压力等级：DN25 4. 连接形式：螺纹连接 5. 压力试验及吹、洗设计要求：水压试验	m²	117	45.48	5321.16	
19	031003001001	螺纹阀门	1. 类型：平衡阀 2. 规格、压力等级：DN70 3. 连接形式：螺纹连接	个	1	568.36	568.36	

续表

序号	子目编码	子目名称	子目特征描述	计量单位	工程量	综合单价	合价	其中：暂估价
						金额（元）		
20	031003001002	螺纹阀门	1. 类型：闸阀 2. 规格、压力等级：DN70 3. 连接形式：螺纹连接	个	1	416.86	416.86	
21	030704001001	通风工程检测、调试		系统	1	691.71	691.71	
		分部小计					41942.11	
		措施项目						
22	031301017001	脚手架搭拆		项	1	247.03	247.03	
合　计							42189.14	

表 5.15　　　　　　　　　　　　　总价措施项目清单与计价表

序号	项目编码	子目名称	计算基础	费率（%）	金额（元）	备注
1	031302001001	安全文明施工			2104.37	
2	1.1	环境保护	分部分项人工费	3.07	295.80	
3	1.2	文明施工	分部分项人工费	6.69	644.61	
4	1.3	安全施工	分部分项人工费	7.47	719.77	
5	1.4	临时设施	分部分项人工费	4.61	444.19	
6	031302002001	夜间施工增加				
7	031302003001	非夜间施工增加				
8	031302004001	二次搬运				
9	031302005001	冬雨季施工增加				
10	031302006001	已完工程及设备保护				
合　计					2104.37	

表 5.16　　　　　　　　　　　　　规费、税金项目计价表

序号	项目名称	计算基础	计算基数	费率（%）	金额（元）
1	规费	社会保险费＋住房公积金费	1855.32		1855.32
1.1	社会保险费	其中：人工费＋其中：人工费＋其中：计日工人工费	9504.73	14.23	1352.52
1.2	住房公积金费	其中：人工费＋其中：人工费＋其中：计日工人工费	9504.73	5.29	502.80

序号	项目名称	计算基础	计算基数	费率（%）	金额（元）
2	税金	分部分项工程费＋措施项目费＋其中：总承包服务费＋其中：计日工＋规费	46157.1	3.48	1606.27
		合　计			3461.59

表 5.17　　　　　　　　　　　其他项目清单与计价汇总表

序号	子 目 名 称	计量单位	金额（元）	备注
1	暂列金额（不包括计日工）	项	20000	
2	暂估价			
2.1	材料和工程设备暂估价			
2.2	专业工程暂估价			
3	计日工			
4	总承包服务费			
	合　计		20000	—

表 5.18　　　　　　　　　　　单位工程投标报价汇总表

序号	汇 总 内 容	金额（元）	其中：暂估价（元）
1	分部分项工程	41942.11	
2	措施项目	2359.67	
2.1	其中：安全文明施工费	2112.64	
3	其他项目	20000	
3.1	其中：暂列金额（不包括计日工）	20000	
3.2	其中：专业工程暂估价		
3.3	其中：计日工		
3.4	其中：总承包服务费		
4	规费	1855.32	
5	税金	1606.27	
	投标报价合计＝1＋2＋3＋4＋5	67763.37	0

表5.19

综合单价分析表 (1)

项目编码	030701003001	项目名称	空调器	计量单位	台	工程量	1

清单综合单价组成明细

定额编号	定额子目名称	定额单位	数量	单价（元）					合价（元）				
				人工费	材料费	机械费	企业管理费	利润	人工费	材料费	机械费	企业管理费	利润
1-32	新风换气机安装 吊装 风量2000m³/h以内	台	1	338.64	116.17	65.53	0	81.27	338.64	116.17	65.53	0	81.27
人工单价			小　计						338.64	116.17	65.53	0	81.27
综合工日：80元/工日			未计价材料费						5000				
	清单子目综合单价								5601.61				

材料费明细	主要材料名称、规格、型号	单位	数量	单价（元）	合价（元）	暂估单价（元）	暂估合价（元）
	柴油	kg	5.9048	8.98	53.03	—	0
	其他材料费	元	11.16	1	11.16	—	0
	新风换气机	台	1	5000	5000	—	—
	其他材料费			—	51.98	—	
	材料费小计			—	5116.17	—	

表 5.20

综合单价分析表 (2)

子目编码	030701004001		子目名称			风机盘管			计量单位	台	工程量		7
			清单综合单价组成明细										
定额编号	定额子目名称	定额单位	数量		单价（元）					合价（元）			
				人工费	材料费	机械费	企业管理费	利润	人工费	材料费	机械费	企业管理费	利润
1－53	风机盘管安装 吊顶式	台	1	136.32	94.18	52.48	0	32.72	136.32	94.18	52.48	0	32.72
			小 计						136.32	94.18	52.48	0	32.72
人工单价			未计价材料费										
综合工日：80 元/工日			清单子目综合单价							2315.7			

	主要材料名称、规格、型号	单位	数量	单价（元）	合价（元）	暂估单价（元）	暂估合价（元）
材料费明细	柴油	kg	5.6667	8.98	50.89	—	0
	其他材料费	元	6.24	1	6.24	—	0
	风机盘管	台	1	2000	2000	—	
	其他材料费			—	37.06	—	
	材料费小计			—	2094.18	—	

表 5.21

综合单价分析表 (3)

子目编码	030703011001	子目名称	铝及铝合金风口、散流器	计量单位	个	工程量	7

清单综合单价组成明细

定额编号	定额子目名称	定额单位	数量	单价（元）					合价（元）				
				人工费	材料费	机械费	企业管理费	利润	人工费	材料费	机械费	企业管理费	利润
7-1	百叶风口安装 周长800mm以内	个	1	19.84	2.32	0.78	0	4.76	19.84	2.32	0.78	0	4.76
人工单价		小计							19.84	2.32	0.78	0	4.76
综合工日：80元/工日		未计价材料费									30		
		清单子目综合单价								57.7			

材料费明细

主要材料名称、规格、型号	单位	数量	单价（元）	合价（元）	暂估单价（元）	暂估合价（元）
单层百叶风口 160mm×120mm	个	1	30	30	—	0
其他材料费				1.32	—	
材料费小计				32.32	—	0

表 5.22

综合单价分析表（4）

子目编码	03070300l001	子目名称	碳钢阀门	计量单位	个	工程量	7

清单综合单价组成明细

定额编号	定额子目名称	定额单位	数量	单价（元）					合价（元）				
				人工费	材料费	机械费	企业管理费	利润	人工费	材料费	机械费	企业管理费	利润
6-22	风管蝶阀安装 方、矩形 周长800mm以内	个	1	16.64	5.67	0.66	0	3.99	16.64	5.67	0.66	0	3.99
人工单价		小 计		16.64	5.67	0.66		3.99
综合工日：80元/工日		未计价材料费				120		
		清单子目综合单价				146.96		

材料费明细	主要材料名称、规格、型号	单位	数量	单价（元）	合价（元）	暂估单价（元）	暂估合价（元）
	风管蝶阀 160mm×120mm	个	1	120	120	—	0
	其他材料费	无	0.68	1	0.68	—	0
	其他材料费				4.99		0
	材料费小计				125.67	—	0

表5.23

综合单价分析表（5）

子目编码	03070303001002	子目名称	碳钢阀门	计量单位	个	工程量	1

清单综合单价组成明细

定额编号	定额子目名称	定额单位	数量	单价（元）					合价（元）				
				人工费	材料费	机械费	企业管理费	利润	人工费	材料费	机械费	企业管理费	利润
6-17	多叶调节阀安装 周长2400mm以内	个	1	34.24	13.36	1.35	0	8.22	34.24	13.36	1.35	0	8.22
人工单价	小计			34.24	13.36	1.35	0	8.22	34.24	13.36	1.35	0	8.22
综合工日：80元/工日	未计价材料费									200			
	清单子目综合单价									257.17			

材料费明细	主要材料名称、规格、型号	单位	数量	单价（元）	合价（元）	暂估单价（元）	暂估合价（元）
		元	0.8	1	0.8	—	0
	对开多叶调节阀 800mm×400mm	个	1	200	200	—	0
	其他材料费			—	12.56	—	0
	材料费小计			—	213.36	—	0

表5.24

综合单价分析表（6）

子目编码	03070300 1003	子目名称	碳钢阀门	计量单位	个	工程量	1

清单综合单价组成明细

定额编号	定额子目名称	定额单位	数量	单价（元）					合价（元）				
				人工费	材料费	机械费	企业管理费	利润	人工费	材料费	机械费	企业管理费	利润
6-1	防火调节阀安装 方、矩形 周长1200mm以内	个	1	70.72	43.96	4.67	0	16.97	70.72	43.96	4.67	0	16.97
人工单价				小计					70.72	43.96	4.67	0	16.97
综合工日：80元/工日				未计价材料费					240				
				清单子目综合单价					376.32				

材料费明细	主要材料名称、规格、型号	单位	数量	单价（元）	合价（元）	暂估单价（元）	暂估合价（元）
	角钢 63 以内	kg	1.008	3.67	3.70	—	0
	70℃防火阀 400mm×160mm	个	1	240	240	—	0
	其他材料费			—	28.26	—	
	材料费小计			—	283.96	—	

表 5.25

综合单价分析表 （7）

子目编码	030703011002	子目名称	铝及铝合金风口、散流器	计量单位	个	工程量	1

清单综合单价组成明细

定额编号	定额子目名称	定额单位	数量	单价（元）					合价（元）				
				人工费	材料费	机械费	企业管理费	利润	人工费	材料费	机械费	企业管理费	利润
7-4	百叶风口安装 周长2400mm以内	个	1	36.24	5.35	1.43	0	8.7	36.24	5.35	1.43	0	8.7
人工单价		小 计							36.24	5.35	1.43	0	8.7
综合工日：80元/工日	未计价材料费										120		
	清单子目综合单价										171.72		

材料费明细	主要材料名称、规格、型号	单位	数量	单价（元）	合价（元）	暂估单价（元）	暂估合价（元）
		元	1.36	1	1.36	—	
	防雨百叶风口 800mm×400mm	个	1	120	120	—	
	其他材料费			—	3.99	—	0
	材料费小计			—	125.35		0

综合单价分析表 (8)

表 5.26

子目编码	030702008001	子目名称	柔性软风管			计量单位	m²	工程量	1.06

清单综合单价组成明细

定额编号	定额子目名称	定额单位	数量	单价（元）				合价（元）			
				人工费	材料费	机械费	企业管理费	利润	人工费	材料费	机械费	企业管理费	利润
5－13	软管接头制作安装 软管接头 三防布	m²	1	156.8	151.15	8.03	0	37.63	156.8	151.15	8.03	0	37.63
人工单价					小　计				156.8	151.15	8.03	0	37.63
综合工日：80 元/工日					未计价材料费					0			
				清单子目综合单价					353.61			

材料费明细	主要材料名称、规格、型号	单位	数量	单价（元）	合价（元）	暂估单价（元）	暂估合价（元）
	其他材料费	无	8.33	1	8.33	—	0
	角钢 63 以内	kg	18.33	3.67	67.27	—	0
	其他材料费			—	75.55	—	
	材料费小计			—	151.15	—	

表5.27

综合单价分析表（9）

子目编码	子目名称	计量单位	工程量
030702001001	碳钢通风管道	m²	1.68

清单综合单价组成明细

定额编号	定额子目名称	定额单位	数量	单价（元）人工费	材料费	机械费	企业管理费	利润	合价（元）人工费	材料费	机械费	企业管理费	利润
2-9	钢板矩形风管制作（δ=1.2mm以内，咬口大边长1000mm以内）	m²	1	31.84	17.3	5.28	0	7.64	31.84	17.3	5.28	0	7.64
2-45	钢板矩形风管安装（δ=1.2mm以内，咬口大边长1000mm以内）	m²	1	12.32	4.82	0.53	0	2.96	12.32	4.82	0.53	0	2.96
人工单价					小　计				44.16	22.12	5.81	0	10.6
80元/工日	综合工日				未计价材料费								
					清单子目综合单价					91.73			

材料费明细

主要材料名称、规格、型号	单位	数量	单价（元）	合价（元）	暂估单价（元）	暂估合价（元）
其他材料费	元	1.32	1	1.32	—	—
角钢63以内	kg	3.575	3.67	13.12	—	—
镀锌钢板0.75	m²	1.13	8	9.04	—	—
其他材料费				7.68		0
材料费小计				31.16		0

表 5.28

综合单价分析表（10）

子目编码	030702001002	子目名称			碳钢通风管道			计量单位	m²	工程量	12.66

清单综合单价组成明细

定额编号	定额子目名称	定额单位	数量	单价（元）				合价（元）			
				人工费	材料费	机械费	企业管理费	利润	人工费	材料费	机械费	企业管理费	利润

| 2-8 | 钢板矩形风管制作（δ＝1.2mm 以内、咬口）大边长 630mm 以内 | m² | 1 | 32 | 16.6 | 7.23 | 0 | 7.68 | 32 | 16.6 | 7.23 | 0 | 7.68 |
| 2-44 | 钢板矩形风管安装（δ＝1.2mm 以内、咬口）大边长 630mm 以内 | m² | 1 | 18.64 | 7.76 | 0.82 | 0 | 4.47 | 18.64 | 7.76 | 0.82 | 0 | 4.47 |

人工单价	小 计	50.64	24.36	8.05	0	12.15
综合工日：80 元/工日	未计价材料费		5.65			

清单子目综合单价 100.85

材料费明细	主要材料名称、规格、型号	单位	数量	单价（元）	合价（元）	暂估单价（元）	暂估合价（元）
	其他材料费	元	1.72	1	1.72	—	
	角钢 63 以内	kg	3.707	3.67	13.6	—	
	镀锌钢板 0.5	m²	1.13	5	5.65	—	
	其他材料费			—	9.04	—	0
	材料费小计			—	30.02	—	0

表 5.29

综合单价分析表 (11)

子目编码	030702001003	子目名称	碳钢通风管道	计量单位	m²	工程量	5.65

清单综合单价组成明细

定额编号	定额子目名称	定额单位	数量	单价（元）					合价（元）				
				人工费	材料费	机械费	企业管理费	利润	人工费	材料费	机械费	企业管理费	利润
2－7	钢板矩形风管制作（δ=1.2mm以内、咬口）大边长320mm以内	m²	1	44.4	19.92	11.73	0	10.66	44.4	19.92	11.73	0	10.66
2－43	钢板矩形风管安装（δ=1.2mm以内、咬口）大边长320mm以内	m²	1	29.68	9.34	1.29	0	7.12	29.68	9.34	1.29	0	7.12
人工单价				小　计					74.08	29.26	13.02	0	17.78
综合工日：80元/工日				未计价材料费						139.79			
				清单子目综合单价									27.19

材料费明细

主要材料名称、规格、型号	单位	数量	单价（元）	合价（元）	暂估单价（元）	暂估合价（元）
	元	2.31	1	2.31		
角钢63以内	kg	4.252	3.67	15.60		
镀锌钢板0.5	m²	1.13	5	5.65		
其他材料费			—	11.34	—	0
材料费小计			—	34.90	—	0

表 5.30

综合单价分析表 (12)

项目编码	030702011001	项目名称	温度、风量测定孔	计量单位	个	工程量	1

清单综合单价组成明细

定额编号	定额项目名称	定额单位	数量	单价（元）					合价（元）				
				人工费	材料费	机械费	企业管理费	利润	人工费	材料费	机械费	企业管理费	利润
2-92	温度测定孔	个	1	38	13.1	8.29	0	9.12	38	13.1	8.29	0	9.12
人工单价		小　　计		38	13.1	8.29	0	9.12	38	13.1	8.29	0	9.12
综合工日：80元/工日		未计价材料费							0				
		清单项目综合单价							68.51				

材料费明细	主要材料名称、规格、型号	单位	数量	单价（元）	合价（元）	暂估单价（元）	暂估合价（元）
		元	0.52	1	0.52	—	0
	其他材料费			—	12.58	—	0
	材料费小计			—	13.10	—	0

表 5.31

综合单价分析表（13）

子目编码	030702011002	子目名称	温度、风量测定孔	计量单位	个	工程量	1

清单综合单价组成明细

定额编号	定额子目名称	定额单位	数量	单价（元）					合价（元）				
				人工费	材料费	机械费	企业管理费	利润	人工费	材料费	机械费	企业管理费	利润
2-92	风量测定孔	个	1	38	13.1	8.29	0	9.12	38	13.1	8.29	0	9.12
人工单价：80元/工日		小　计		38	13.1	8.29		9.12	38	13.1	8.29		9.12
综合工日：		未计价材料费					0						
		清单子目综合价							68.51				

材料费明细	主要材料名称、规格、型号	单位	数量	单价（元）	合价（元）	暂估单价（元）	暂估合价（元）
		元	0.52	1	0.52	—	0
	其他材料费				12.58	—	0
	材料费小计				13.10	—	0

表 5.32

综合单价分析表（14）

子目编码	0310010011001	子目名称	镀锌钢管	计量单位	m	工程量	21.2

清单综合单价组成明细

定额编号	定额子目名称	定额单位	数量	单价（元）					合价（元）				
				人工费	材料费	机械费	企业管理费	利润	人工费	材料费	机械费	企业管理费	利润
2－7	室内镀锌钢管（螺纹连接）公称直径 70mm 以内	m	1	25.68	43.18	1.44	0	6.16	25.68	43.18	1.44	0	6.16
人工单价	综合工日：80 元/工日			小　计					25.68	43.18	1.44	0	6.16
				未计价材料费									
				清单子目综合单价					76.46				

材料费明细	主要材料名称、规格、型号	单位	数量	单价（元）	合价（元）	暂估单价（元）	暂估合价（元）
	其他材料费	元	1.75	1	1.75	—	
	镀锌钢管 70	m	1.02	33.3	33.97	—	
	室内镀锌钢管接头零件（丝接）70	个	0.533	11.4	6.08	—	
	聚四氟乙烯生料带 d=20	m	2.5485	0.34	0.87	—	
	其他材料费			—	0.53	—	0
	材料费小计			—	43.18	—	0

表 5.33

综合单价分析表（15）

子目编码	031001001002	子目名称	镀锌钢管	计量单位	m	工程量	15.6

清单综合单价组成明细

定额编号	定额子目名称	定额单位	数量	单价（元）					合价（元）				
				人工费	材料费	机械费	企业管理费	利润	人工费	材料费	机械费	企业管理费	利润
2－6	室内镀锌钢管（螺纹连接）公称直径 50mm 以内	m	1	25.28	32.14	1.48	0	6.07	25.28	32.14	1.48	0	6.07
人工单价			小　计						25.28	32.14	1.48	0	6.07
综合工日：80元/工日			未计价材料费						64.97				
			清单子目综合单价										

材料费明细	主要材料名称、规格、型号	单位	数量	单价（元）	合价（元）	暂估单价（元）	暂估合价（元）
	其他材料费	元	1.18	1	1.18	—	
	聚四氟乙烯生料带 $d=20$	m	2.7203	0.34	0.92	—	
	镀锌钢管 50	m	1.02	24.7	25.19	—	
	其他材料费			—	4.84	—	0
	材料费小计			—	32.14	—	0

表 5.34

综合单价分析表（16）

项目编码	031001001003	项目名称	镀锌钢管	计量单位	m	工程量	

清单综合单价组成明细

定额编号	定额子目名称	定额单位	数量	单价（元）					合价（元）				
				人工费	材料费	机械费	企业管理费	利润	人工费	材料费	机械费	企业管理费	利润
2-5	室内镀锌钢管（螺纹连接）公称直径 40mm 以内	m	1	24.8	24.86	1.46	0	5.95	24.8	24.86	1.46	0	5.95
人工单价		小　计		24.8	24.86	1.46		5.95	24.8	24.86	1.46	0	5.95
综合工日：80 元/工日		未计价材料费								0			
		清单子目综合单价								57.07			

材料费明细	主要材料名称、规格、型号	单位	数量	单价（元）	合价（元）	暂估单价（元）	暂估合价（元）
	其他材料费	元	0.98	1	0.98	—	0
	聚四氟乙烯生料带 d=20	m	2.1911	0.34	0.74	—	
	镀锌钢管 40	m	1.02	19.4	19.79	—	
	其他材料费			—	3.35	—	0
	材料费小计			—	24.86	—	0

表 5.35

综合单价分析表（17）

子目编码	031001001004	子目名称	镀锌钢管	计量单位	m	工程量	42

定额编号	定额子目名称	定额单位	数量	单价（元）					合价（元）				
				人工费	材料费	机械费	企业管理费	利润	人工费	材料费	机械费	企业管理费	利润
2-4	室内镀锌钢管（螺纹连接）公称直径32mm以内	m	1	21.6	21.29	1.25	0	5.18	21.6	21.29	1.25	0	5.18
人工单价		小 计							21.6	21.29	1.25	0	5.18
综合工日：80元/工日		未计价材料费							0				
		清单子目综合单价							49.32				

材料费明细	主要材料名称、规格、型号	单位	数量	单价（元）	合价（元）	暂估单价（元）	暂估合价（元）
	其他材料费	元	0.81	1	0.81		0
	聚四氟乙烯生料带 d=20	m	2.1739	0.34	0.74		
	镀锌钢管 32	m	1.02	16.4	16.73		
	其他材料费			—	3.01	—	0
	材料费小计			—	21.29	—	21.29

综合单价分析表 (18)

表 5.36

子目编码	031001001005	子目名称	镀锌钢管		计量单位	m	工程量	117

清单综合单价组成明细

定额编号	定额子目名称	定额单位	数量	单价（元）					合价（元）				
				人工费	材料费	机械费	企业管理费	利润	人工费	材料费	机械费	企业管理费	利润
2-3	室内镀锌钢管（螺纹连接）公称直径 25mm 以内	m	1	21.6	17.1	1.6	0	5.18	21.6	17.1	1.6	0	5.18
人工单价			小　计						21.6	17.1	1.6	0	5.18
综合工日：80元/工日			未计价材料费							0			
				清单子目综合单价					45.48				

材料费明细	主要材料名称、规格、型号	单位	数量	单价（元）	合价（元）	暂估单价（元）	暂估合价（元）
	其他材料费	元	0.93	1	0.93	—	0
	聚四氟乙烯生料带 d＝20	m	2.1407	0.34	0.73	—	
	镀锌钢管 25	m	1.02	12.7	12.95	—	
	室内镀锌钢管接头零件（丝接）25	个	1.011	2.02	2.04	—	
	其他材料费			—	0.44	—	0
	材料费小计			—	17.1	—	

表 5.37

综合单价分析表（19）

子目编码	子目名称	计量单位	工程量
031003001001	螺纹阀门	个	1

清单综合单价组成明细

定额编号	定额子目名称	定额单位	数量	单价（元）					合价（元）				
				人工费	材料费	机械费	企业管理费	利润	人工费	材料费	机械费	企业管理费	利润
5-7	螺纹阀门 公称直径 70mm 以内	个	1	27.76	27.39	1.55	0	6.66	27.76	27.39	1.55	0	6.66
人工单价		小 计		27.76	27.39	1.55	0	6.66	27.76	27.39	1.55	0	6.66
综合工日：80元/工日		未计价材料费							505				
		清单子目综合单价							568.36				

材料费明细	主要材料名称、规格、型号	单位	数量	单价（元）	合价（元）	暂估单价（元）	暂估合价（元）
	其他材料费	元	1.86	1	1.86	—	0
	聚四氟乙烯生料带 d=20	m	7.6504	0.34	2.60	—	0
	平衡阀 DN70	个	1.01	500	505	—	
	其他材料费				22.93	—	
	材料费小计				532.39	—	0

表 5.38

综合单价分析表（20）

子目编码	031003001002	子目名称	螺纹阀门		计量单位	个	工程量	1

清单综合单价组成明细

定额编号	定额子目名称	定额单位	数量	单价（元）					合价（元）				
				人工费	材料费	机械费	企业管理费	利润	人工费	材料费	机械费	企业管理费	利润
5－7	螺纹阀门 公称直径 70mm 以内	个	1	27.76	27.39	1.55	0	6.66	27.76	27.39	1.55	0	6.66
人工单价		小　计							27.76	27.39	1.55	0	6.66
综合工日：80 元/工日		未计价材料费									353.5		
		清单子目综合单价									416.86		

材料费明细

主要材料名称、规格、型号	单位	数量	单价（元）	合价（元）	暂估单价（元）	暂估合价（元）
其他材料费	元	1.86	1	1.86	—	0
聚四氟乙烯生料带 $d=20$	m	7.6504	0.34	2.60	—	
闸阀 DN70	个	1.01	350	353.50	—	0
其他材料费			—	22.93	—	
材料费小计			—	380.89	—	0

表 5.39

综合单价分析表 (21)

子目编码	子目名称	计量单位	系统	工程量
030704001001	通风工程检测、调试			1

清单综合单价组成明细

定额编号	定额子目名称	定额单位	数量	单价（元）					合价（元）				
				人工费	材料费	机械费	企业管理费	利润	人工费	材料费	机械费	企业管理费	利润
BM130	系统调试费（第七册通风空调工程）	元	1	163.14	489.42	0	0	39.15	163.14	489.42	0	0	39.15
人工单价			小　计						163.14	489.42	0	0	39.15
			未计价材料费										
			清单子目综合单价						691.71				

材料费明细	主要材料名称、规格、型号	单位	数量	单价（元）	合价（元）	暂估单价（元）	暂估合价（元）
	其他材料费			—	489.42	—	0
	材料费小计			—	489.42	—	0

表 5.40

综合单价分析表 (22)

序号	项目编码	名称	项目单位	工程内容		子目单位	数量	综合单价组成（元）						综合单价（元）
				定额号	子目名称			人工费	材料费	机械费使用费	管理费	利润	风险费	
1	031301017001	脚手架搭拆	项	BM131	脚手架使用费（第七册通风空调工程）	元	1	58.26	174.79			13.98		247.03

复 习 思 考 题

1. 通风系统有哪些分类方法？
2. 空调系统的分类和组成是什么？
3. 通风、空调管道工程量计算方法？
4. 空调部件及设备支架制作安装工程量如何计算？
5. 通风空调工程中常用的风阀有哪几种？各起什么作用？
6. 渐缩管工程量如何计算？
7. 装配式空调器的安装工程量如何计算？

项目6 建筑电气工程计量与计价

学习目标：

熟悉电气设备安装工程基本知识；掌握建筑电气设备安装工程施工图识图方法；熟悉建筑电气设备安装工程定额和清单，并学会应用。掌握建筑电气设备安装工程量计算规则；掌握建筑电气设备安装工程清单的编制和计价方法。

6.1 建筑电气工程基础知识

6.1.1 建筑电气系统的分类

6.1.1.1 建筑电气系统的分类和组成

电力系统是由发电厂、送变电线路、供配电所和用电等环节组成的电能生产与消费系统。它的功能是将自然界的一次能源通过发电动力装置转化成电能，再经输电、变电和配电将电能供应到各用户。

"建筑电气"就是以电能、电气设备和电气技术为手段来创造、维持与改善限定空间和环境的一门科学。建筑电气系统主要包括：供电和配电系统，动力系统，照明系统，防雷和接地系统，弱电系统。

1. 建筑供配电系统

建筑供配电系统是电力系统的重要组成部分，其任务就是接收电能、变换电能、输送电能、分配电能和向各种电气设备提供电能。随着现代化建筑的出现，建筑的供电不再是一台变压器供几幢建筑物，而是一幢建筑物往往用一台乃至十几台变压器供电；供电变压器容量也增加了。另外，在同一幢建筑物中常有一、二、三级负荷同时存在，这就增加了供电系统的复杂性。但供电系统的基本组成却基本一样。通常对大型建筑或建筑小区，电源进线电压多采用10kV，电能先经过高压配电所，再由高压配电所将电能分送给各终端变电所。经配电变压器将10kV高压降为一般用电设备所需的电压（220V/380V），然后由低压配电线路将电能分送给各用电设备使用。也有些小型建筑，因用电量较小，仍可采用低压进线，此时只需设置一个低压配电室，甚至只需设置一台配电箱即可。

2. 建筑动力系统

建筑物内有很多动力设备，如水泵、锅炉、空气调节设备、送风和排风机、电梯、试验装置等。这些设备及其供电线路、控制电器、保护继电器等共同组成动力设备系统。建筑电气中动力系统实质上是指照明电气中除了普通照明、应急照明电源外，向电动机配电以及对电动机进行控制的动力配置系统。诸如水泵房水泵机组、排水排污处理系统、暖通空调、洁净排烟消防风机系统、电梯系统等输送功率较大、由电能转换成热能、光能、风能等电力系统都可称为动力系统。

3. 建筑照明系统

建筑照明系统包括进行人工照明的各种设施。电气照明技术是一门综合性技术，它以光学、电学、建筑学、生理学等多方面的知识为基础。电气照明设施主要包括照明电光源（例如灯泡、灯管）、照明灯具和照明线路三部分。其中，照明电光源和灯具的组合称作电照明器。照明电光源即人工照明，使用的是以电为能源的发光体，按其发光的原理可以分为热辐射光源、气体放电光源和半导体光源三大类。如图6.1所示，照明配电系统一般由进户线、总配电箱、干线、分配电箱、支线和用电设备（灯具、插座等）组成。

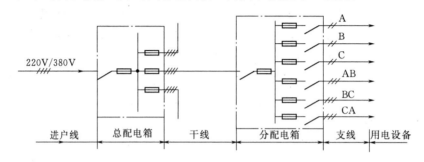

图6.1　建筑照明系统组成

4. 建筑工程防雷接地系统

建筑防雷接地是保证建筑电气安全的重要措施。建筑物的防雷装置包括接闪装置、引下线和接地装置三个部分。其防雷的原理是通过金属制成的接闪装置将雷电吸引到自身，并安全导入大地，从而使附近的建筑物免受雷击。

接闪装置装在建筑物的最高处，必须露在建筑物外面，可以是避雷针、避雷线、避雷带或避雷网，也有将几种形式结合起来使用的。

（1）避雷针。1750年美国富兰克林发明，是至今仍广泛应用的接闪装置。用镀锌圆钢或镀锌钢管制成的尖形金属杆，竖立在建筑物的最高点，它保护的范围是以针顶点向下与针成45°夹角的正圆锥体的空间。如需扩大保护的范围，可以用两支或更多支的避雷针联合起来使用。

（2）避雷线。用悬挂在空中的接地导线作接闪装置。它主要用来保护线路，其保护范围可用模拟实验或根据经验确定。

（3）避雷带和避雷网。用覆盖在建筑物高耸部分、屋顶或其边缘的金属带或金属网格作为接闪装置。超过20～30m高度的建筑物容易受到雷电的侧击和斜击，采用避雷带或避雷网效果较好。

引下线一般采用镀锌钢绞线，将接闪装置和接地装置连接成一体，要注意其截面大小，使连接可靠并以最短途径接地。引下线分布要合理对称，不应紧靠门、窗。钢筋混凝土建筑物的钢筋和钢柱等也可当作引下线使用。

接地装置是使电流通过接地电极向大地泄放。一般采用镀锌的圆钢、角钢、扁钢等连接成水平接地环、接地带或垂直接地体，埋于一定深度的湿土中。现代建筑物的钢筋混凝土基础也可以作为接地装置。

5. 建筑弱电系统

建筑电气系统可分强电和弱电两类。强电系统是指把电能引入建筑物并通过用电设备将电能转换成机械能、热能和光能等的电气系统，建筑变配电工程、动力工程、照明工程、防雷接地工程都属于强电系统。弱电系统是实现建筑物内部以及内部和外部间的信息交换与信息传递及信息控制等功能，主要包括电视信号工程（如电视监控系统），有线电视，通信工程（如电话），智能消防工程，扩声与音响工程（如小区中的背景音乐广播、建筑物中的背景音乐），以及综合布线工程（主要用于计算机网络）。随着计算机技术的飞速发展，软硬件功能的迅速强大，各种弱电系统工程和计算机技术的完美结合，以往的各种分类不再像以前那么明晰。各类工程的相互融合就是系统集成。

6.1.2　建筑电气设备安装工程常用材料和设备

6.1.2.1　导线

导线，指的是用作电线电缆的材料，工业上也指电线。导线是用导电性能较好的金属材料制成的，具有电阻低、机械强度大、耐腐蚀及价格便宜等特点。常用的导线材料有铜、铝、钢等。

1. 电线

如图6.2所示，建筑电气工程常用的绝缘电线是指在导线外围均匀而密封地包裹一层不导电的材料，如树脂、塑料、硅橡胶、PVC等，以形成绝缘层，防止导电体与外界接触造成漏电、短路、触电等事故发生。

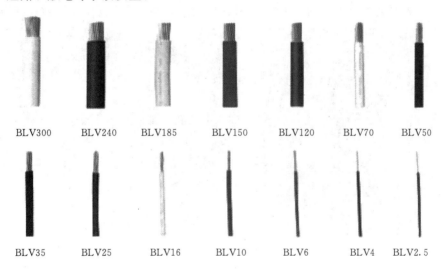

BLV300　BLV240　BLV185　BLV150　BLV120　BLV70　BLV50

BLV35　BLV25　BLV16　BLV10　BLV6　BLV4　BLV2.5

图6.2　塑料绝缘电线

用于建筑照明工程的绝缘导线按线芯材料分为铜芯和铝芯；按线芯股数分为单股和多股；按绝缘材料分为橡皮绝缘导线和塑料绝缘导线。其敷设方式有穿管敷设、桥架敷设、线槽敷设、绝缘子配线等。常用绝缘导线的型号、名称和用途见表6.1。

表6.1　　　　　　　　　　　常用绝缘导线的型号、名称和用途

型　号	名　称	主　要　用　途
BV（BLV）	铜（铝）芯聚氯乙烯绝缘电线	适用于交流额定电压450/750V及以下的电气设备、动力及照明线路的固定敷设。 B—固定敷设；L—铝芯（铜芯无字母表示）；V—聚氯乙烯绝缘；V—聚氯乙烯护套；R—软电线；B—平型电线（圆形无字母表示）
BVV（BLVV）	铜（铝）芯聚氯乙烯绝缘聚氯乙烯护套圆形电线	
BVVB（BLVVB）	铜（铝）芯聚氯乙烯绝缘聚氯乙烯护套平型电线	
BVR	铜芯聚氯乙烯绝缘软电线	
BV-105	铜芯耐热105℃聚氯乙烯绝缘电线	

续表

型号	名 称	主 要 用 途
RV	铜芯聚氯乙烯绝缘连接软电线	适用于交流额定电压450/750V及以下的家用电器、小型电动工具、仪器仪表及动力照明等装置的连接。 R—软电线；V—聚氯乙烯绝缘；V—聚氯乙烯护套；S—绞型电线（麻花线）；B—平型电线（圆形无字母表示）
RVB	铜芯聚氯乙烯绝缘平型连接软电线	
RVS	铜芯聚氯乙烯绝缘绞型连接软电线	
RVV	铜芯聚氯乙烯绝缘聚乙烯护套圆形连接软电线	
RVVB	铜芯聚氯乙烯绝缘聚乙烯护套平型连接软电线	
RV-105	铜芯耐热105℃聚氯乙烯绝缘连接软电线	
BX（BLX）	铜（铝）芯橡皮绝缘线	适用于交流额定电压450/750V及以下的电气设备及照明装置。 X—橡皮绝缘；R—聚乙烯护套
BXY（BLXY）	铜（铝）芯橡皮绝缘黑色聚乙烯护套电线	
BXR	铜芯橡皮绝缘软电线	

2. 电缆

如图6.3所示，电缆是由一根或多根相互绝缘的导体和外包绝缘保护层制成，将电力或信息从一处传输到另一处的导线。通常是由几根或几组导线（每组至少两根）绞合而成的类似绳索的电缆，每组导线之间相互绝缘，并常围绕着一根中心扭成，整个外面包有高度绝缘的覆盖层。

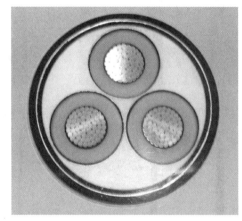

图6.3 电缆

电缆具有内通电、外绝缘的特征。电缆的分类：按绝缘种类分有纸绝缘电力电缆、塑料绝缘电力电缆、橡皮绝缘电力电缆；按冷却方式分，有油浸式、不滴流浸渍式、充气式；按用途分，有电力电缆、通信电缆、控制电缆；按芯线分，有单芯、双芯、三芯、四芯、多芯。

电缆型号的组成和含义见表6.2。常用电缆型号见表6.3。

表 6.2　　　　　　　　　　　　电缆型号的组成和含义

性能	类 别	电缆种类	线芯材料	内护层	其他特征	外 护 层	
						第一数字	第二数字
ZR 阻燃 NH 耐火	K 控制电缆 Y 移动式软电缆 P 信号电缆 H 电话电缆	Z 纸绝缘 X 橡皮 V 聚氯乙烯 Y 聚乙烯 YJ 交联聚乙烯	T 铜 L 铝	Q 铅护套 L 铝护套 V 聚氯乙烯护套 H 橡皮护套 Y 聚乙烯护套	P 屏蔽 C 重型 F 分相铝包	2 双钢带 3 细圆钢丝 4 粗圆钢丝	1 纤维护套 2 聚氯乙烯护套 3 聚乙烯护套

表 6.3 **常 用 电 缆 型 号**

型 号	名 称	适 用 范 围
V（L）V	铜（铝）芯聚氯乙烯绝缘聚氯乙烯护套电力电缆	敷设在室内、隧道及管道中，电缆不能承受机械外力作用
V（L）V22	铜（铝）芯聚氯乙烯绝缘钢带铠装聚氯乙烯护套电力电缆	敷设在室内、隧道内及直埋土壤中，电缆能承受机械外力作用
ZR-V（L）V	铜（铝）芯阻燃聚氯乙烯绝缘聚氯乙烯护套电力电缆	敷设在对阻燃有要求的场所，GZR 电缆敷设在阻燃要求特别高的场所
NH-V（L）V	铜（铝）芯耐火聚氯乙烯绝缘聚氯乙烯护套电力电缆	敷设在对耐火有要求的室内、隧道及管道中，GNH 电缆敷设在除耐火外要求高阻燃的场所
NH-V（L）V22	铜（铝）芯耐火聚氯乙烯绝缘钢带铠装聚氯乙烯护套电力电缆	
YJ（L）V	铜（铝）芯交联聚氯乙烯绝缘聚氯乙烯护套电力电缆	敷设在室内、隧道及管道中，电缆不能承受机械外力作用
YJ（L）V22	铜（铝）芯交联聚氯乙烯绝缘钢带铠装聚氯乙烯护套电力电缆	敷设在室内、隧道内及直埋土壤中，电缆能承受机械外力作用

　　预制分支电缆（图 6.4）是国外近年来大量使用的一种新型低压供电系统，可广泛用于供电线路中有电缆分支的场合，如高层建筑及普通住宅楼、大型建筑及场馆、标准化厂房、移动设备和机械、工业窑炉、公路、桥涵、机场等。预制分支电缆按照用户要求的电缆规格和长度，以及分支线电缆与主干电缆连接的接头在主干电缆上的位置，由电缆制造厂商在工厂内将主干电缆（以下称主电缆）和分支线电缆（以下称支电缆）进行导体的接合和接头的绝缘处理，并进行相关的检测和试验后发送给用户。用户在电缆敷设安装时无须再进行分支接头的处理和检测，可直接将电缆与供电线路或配用电设施连接使用。因分支接头完全在工厂内预先制成，故称为"预制分支电缆"。

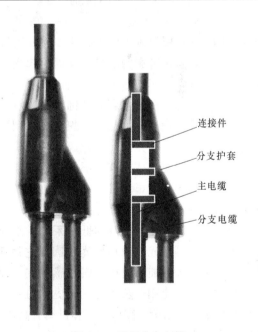

连接件
分支护套
主电缆
分支电缆

图 6.4 预制分支电缆

　　预制分支电缆具有连接稳定可靠、防水防潮、耐腐蚀、耐酸雾、抗震动、弯曲半径小等显著优点，并可大大减轻线路安装时的劳动强度，缩短施工周期，降低工程造价。主电缆导体无接头，保证了连续性，减少了故障点，是目前国内使用较多的插接式母线槽等配电方式的良好替代品，在大多数应用场合下可完全取代插接式母线槽。

6.1.2.2 照明灯具

1. 照明光源

照明光源指用于建筑物内外照明的人工光源。如图 6.5 所示，近代照明光源主要采用电光源（即将电能转换为光能的光源），一般分为热辐射光源、气体放电光源和半导体光源三大类。

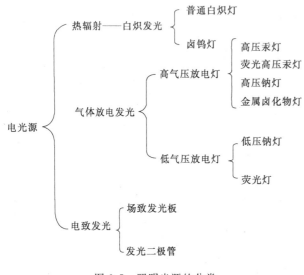

图 6.5 照明光源的分类

热辐射光源是利用物体通电加热至高温时辐射发光原理制成。这类灯结构简单，使用方便。

气体放电光源是利用电流通过气体时发光的原理制成。这类灯发光效率高，寿命长，光色品种多。

场致发光（electroluminescent，EL）灯一般组成平板状，也称场致发光屏，由玻璃板、透明导电膜、荧光粉层、高介电常数反射层、铝箔叠合而成，光效低，寿命超过 5000h，耗电少，可通过电极分割电源，做成图案文字；一般用在建筑物做指示照明，飞机、轮船仪表的显示。

发光二极管（light - emitting diode，LED），利用固体半导体芯片作为发光材料，当两端加上正向电压时，半导体中的载流子发生复合，发出过剩的能量，从而引起光子发射产生可见光。其优点是附件简单、结构紧凑、可控性好、色彩丰富纯正、高亮点，防潮、防震性能好、节能环保等，应用范围为显示技术领域、标志灯和带色彩的装饰照明、室内外照明等，应用前景不可限量。

白炽灯将灯丝通电加热到白炽状态，利用热辐射发出可见光的电光源，由电流通过灯丝加热至白炽状态产生光的一种光源，是最早出现的电灯。

卤钨灯是填充气体内含有部分卤族元素或卤化物的充气白炽灯。在普通白炽灯中，灯丝的高温造成钨的蒸发，蒸发的钨沉淀在玻壳上，产生灯泡玻壳发黑的现象。1959 年时人们发明了卤钨灯，利用卤钨循环的原理消除了这一发黑的现象。

荧光灯，传统型荧光灯即低压汞灯，是利用低气压的汞蒸气在通电后释放紫外线，从而使荧光粉发出可见光的原理发光，因此它属于低气压弧光放电光源。1974 年，荷兰飞利浦首先研制成功了将能够发出人眼敏感的红、绿、蓝三色光的荧光粉。三基色（又称三原色）荧光粉的开发与应用是荧光灯发展史上的一个重要里程碑。

高压汞灯包括荧光高压汞灯和自镇流高压汞灯，功率由 50W 到 1000W，发光效率为 40～50lm/W，显色指数 40～45，额定寿命 5000h。

金属卤化物灯类似高压汞灯，在发光管中增添金属卤化物，因此发光效率提高到 60～120lm/W，显色指数提高到 60～85，额定寿命为 7000～10000h。

高压钠灯，高压钠蒸气放电灯，发光呈金白色，发光效率高达 90～140lm/W，色温为 2000K 左右，显色性差，显色指数为 20～25，额定寿命为 12000h，功率为 35～1000W。

低压钠灯，低压钠蒸气放电灯，发光呈纯黄色，发光效率高达 130～200lm/W，功率为 18～200W，<u>显色性差</u>，宜用于道路照明。

2. 照明器

照明器是完成照明任务的器具。它由光源、照明灯具及其附件共同组成，其中灯具的作用是固定和保护电光源免受机械碰撞及腐蚀气体的腐蚀、连接电源、合理分配光通量输出、限制眩光、美化装饰环境。

根据国际照明委员会（CIE）的建议，如图 6.6 所示，灯具按光通量在上下空间分布的比例分为五类：直接型、半直接型、全漫射型（包括水平方向光线很少的直接—间接型）和间接型。

图 6.6 照明器的分类（按光通量分布比例）

如图 6.7 所示，照明灯具按照安装方式的不同分为：

（1）吸顶式照明器吸附在顶棚上，适用于顶棚比较光洁且房间不高的建筑内。这种安装方式常有一个较亮的顶棚，但易产生眩光，光通利用率不高。

（2）嵌入式照明器的大部分或全部嵌入顶棚内，只露出发光面；适用于低矮的房间；一般来说，顶棚较暗，照明效率不高；若顶棚反射比较高，则可以改善照明效果。

（3）悬吊式照明器挂吊在顶棚上。根据挂吊的材料不同可分为线吊式、链吊式和管吊式。这种照明器离工作面近，常用于建筑物内的一般照明。

（4）壁式照明器吸附在墙壁上。壁灯不能作为一般照明的主要照明器，只能作为辅助照明，富有装饰效果。由于安装高度较低，易成为眩光源，故多采用小功率光源。

（5）枝形组合型照明器由多枝形灯具组合成一定图案，俗称花灯。一般为吊式或吸顶式，以装饰照明为主。大型花灯灯饰常用于大型建筑大厅内，小型花灯也可用于宾馆、会议厅等。

（6）嵌墙型照明器的大部分或全部嵌入墙内或底板面上，只露出很小的发光面。这种照明器常作为地灯，用于室内，作起夜灯用，或作为走廊和楼梯的深夜照明灯。

（7）台式主要供局部照明用，如放置在办公桌、工作台上等。

（8）庭院式主要用于公园、宾馆花园等场所，与园林建筑结合，无论是白天或晚上都具有艺术效果。

（9）立式立灯又称落地灯，常用于局部照明，摆设在沙发和茶几附近。

（10）道路、广场式主要用于广场和道路照明。

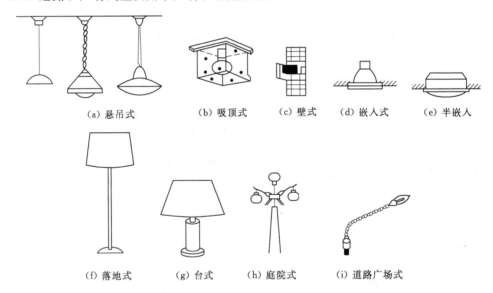

（a）悬吊式　　　　（b）吸顶式　　（c）壁式　　（d）嵌入式　　（e）半嵌入

（f）落地式　　　（g）台式　　　（h）庭院式　　（i）道路广场式

图 6.7　照明器的分类（按安装方式）

如图 6.8 所示，照明灯具按照结构特点的不同分为：

（1）开启型：光源裸露在外，灯具是敞口的或无灯罩的。

（2）闭合型：透光罩将光源包围起来的照明器。但透光罩内外空气能自由流通，尘埃易进入罩内，照明器的效率主要取决于透光罩的透射比。

（3）封闭型：透光罩固定处加以封闭，使尘埃不易进入罩内，但当内外气压不同时空气仍能流通。

（4）密闭型：透光罩固定处加以密封，与外界可靠地隔离，内外空气不能流通。根据用途又分为防水防潮型和防水防尘型，适用于浴室、厨房、潮湿或有水蒸气的车间、仓库及隧道、露天堆场等场所。

（5）防爆安全型：这种照明器适用于在不正常情况下可能发生爆炸危险的场所。其功能主要是使周围环境中的爆炸性气体进不了照明器内，可避免照明器在正常工作中产生火花引起爆炸。

（6）隔爆型：这种照明器适用于在正常情况下可能发生爆炸的场所。其结构特别坚实，即使发生爆炸，也不易破裂。

（7）防腐型：这种照明器适用于含有腐蚀性气体的场所。灯具外壳用耐腐蚀材料制成，密封性好，腐蚀性气体不能进入照明器内部。

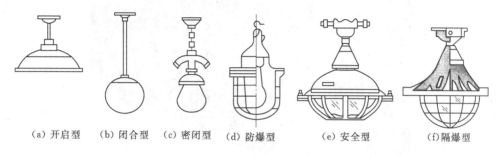

（a）开启型　（b）闭合型　（c）密闭型　（d）防爆型　　（e）安全型　　　（f）隔爆型

图 6.8　照明器的分类（按结构特点）

6.1.2.3　低压配电柜

配电盘又名配电柜，是集中、切换、分配电能的设备。它是按一定的接线方案将低压开关电器组合起来的一种低压成套配电装置，用在 500V 以下的供配电系统中，作动力和照明配电之用。

如图 6.9 所示，配电盘一般由柜体、开关（断路器）、保护装置、监视装置、电能计量表，以及其他二次元器件组成。安装在发电站、变电站以及用电量较大的电力客户处。照明配电箱有标准型和非标准型两种。标准配电箱可按设计要求直接向生产厂家购买，非标准配电箱可自行制作。照明配电箱型号繁多，但其安装方式有悬挂式明装和嵌入式暗装两种。照明配电箱的安装高度应符合施工图纸要求。若无要求时，一般底边距地面为 1.5 m，安装垂直偏差不应大于 3mm。配电箱上应注明用电回路名称。

图 6.9　低压配电柜

如图6.10所示，抽屉式开关柜是采用钢板制成封闭外壳，进出线回路的电器元件都安装在可抽出的抽屉中，构成能完成某一类供电任务的功能单元。功能单元与母线或电缆之间，用接地的金属板或塑料制成的功能板隔开，形成母线、功能单元和电缆三个区域。每个功能单元之间也有隔离措施。抽屉式开关柜有较高的可靠性、安全性和互换性，是比较先进的开关柜，目前生产的开关柜多数是抽屉式开关柜。它们适用于要求供电可靠性较高的工矿企业、高层建筑，作为集中控制的配电中心。

图6.10　抽屉式开关柜

6.1.3　照明配电线路的敷设

6.1.3.1　照明配电线路的敷设方式

照明线路按其敷设方式可以分为明敷设和暗敷设两种。明敷设，就是将绝缘导线直接或穿于管子、线槽等保护体内，敷设于墙壁、顶棚的表面及桁架、支架等处。明敷有几种方法：瓷珠、瓷夹、瓷瓶（绝缘子）明敷；塑料卡、铝卡、金属卡明敷；导线穿塑料管、钢管明敷；导线通过塑料线槽、金属线槽明敷等。暗敷设，就是将导线穿于管子、线槽等保护体内，敷设于墙壁、顶棚、地坪及楼板等内部或在混凝土板孔内敷设等。

1. 管子配线

如图6.11所示，绝缘导线穿入保护管内敷设，称为管子配线。这种配线方法安全，可

图6.11　管子配线

避免腐蚀气体的侵蚀和机械损伤，更换导线方便，是目前采用最广泛的一种。管子配线工程的施工内容可分为两大部分，即配管（管子敷设）和穿线。

2. 线槽配线

如图 6.12 所示，线槽配线就是先将线槽固定在建筑物上，然后再将导线敷设在线槽中，它由槽底、槽盖及附件组成。线槽分金属线槽和塑料线槽两种类型。金属线槽多由厚度为 0.4～1.5mm 的钢板制成，一般适用于正常环境（干燥和不易受机械损伤）的室内场所明敷设，其中具有槽盖的封闭式金属线槽具有与金属管相当的耐火性能，可用在建筑物顶棚内敷设。

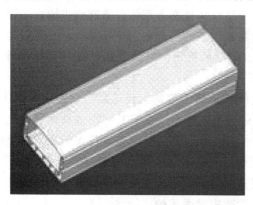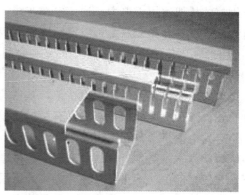

图 6.12　线槽配线

3. 电缆的敷设方式

电缆工程敷设方式的选择，应视工程条件、环境特点和电缆型类、数量等因素，且按满足运行可靠、便于维护的要求和技术经济合理的原则来选择，主要有沿电缆桥架（图 6.13）敷设、管内敷设、电缆沟（或隧道）内敷设、地下直埋等。

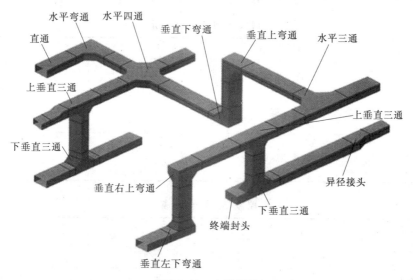

图 6.13　电缆桥架

电缆桥架分为梯级式、托盘式、槽式、网格式、组合式等结构，由支架、托臂和安装附件等组成。建筑物内桥架可以独立架设，也可以附设在各种建（构）筑物和管廊支架上，应体现结构简单、造型美观、配置灵活和维修方便等特点。

梯级式电缆桥架具有重量轻、成本低、造型独特、安装方便、散热及透气性好等优点，适用于直径较大的高、低压动力电缆的敷设。

托盘式电缆桥架是在石油、化工、轻工、电信等方面应用最广泛的一种，具有重量轻、载荷大、造型美观、结构简单、安装方便等优点，既适用于动力电缆的安装，也适用于控制电缆的敷设。

槽式电缆桥架是一种全封闭型电缆桥架，适用于敷设计算机电缆、通信电缆、热电偶电缆及其他高灵敏系统的控制电缆等。

网格式桥架适用于电力、通信电缆布线。网格桥架提高了系统升级和维护能力，为升级留有余地，在综合布线系统可以灵活应用，线路和设备的检修非常快速安全；自重仅是传统桥架的1/5，比传统桥架节省2/3的安装时间。网状的机构使它的散热更好，可有效延长线缆的使用寿命。

组合式电缆桥架是一种新型桥架，是电缆桥架系列中的第二代产品。它适用各项工程、各种单位、各种电缆的敷设，它具有结构简单、配置灵活、安装方便、形式新颖等特点。

组合式电缆桥架只要采用宽100m、150mm、200mm的三种基型就可以组成所需要尺寸的电缆桥架，它不需生产弯通、三通等配件就可以现场安装，可任意转向、变宽，分引上、引下；在任意部位、不需要打孔、焊接就可用管引出。组合式电缆桥架既方便工程设计，又方便生产运输，更方便安装施工，是目前电缆桥架中最理想的产品。

6.2　建筑电气工程施工图识图

6.2.1　建筑电气工程施工图常用图例

（1）建筑电气工程施工图常用图例见表6.4～表6.8。

表6.4　　　　　　　　　　　　　　　电机、变压器、变电所

图　例	名　　称	图　例	名　　称
	电动机一般符号		变电所
	变压器		电抗器
	自耦变压器		电流互感器

表6.5　　　　　　　　　　　　　　　控 制 及 信 号 设 备

图　例	名　　称	图　例	名　　称
	分线盒		信号或指示灯
	一般按钮盒		按钮
	防爆按钮盒		按钮
	电铃		密闭型按钮盒
	蜂鸣器		热元件

续表

图 例	名 称	图 例	名 称
	继电器、接触器的线圈	Ⓐ	电流表
	动合（常开）触点	Ⓥ	电压表
	动合（常开）触点，带灭弧装置	kWh	电度表
	动断（常闭）触头	◉	警卫信号探测器
	动合（常开）触头，带灭弧装置	◉	警卫信号总报警器
	动合（常开）触点	◉	警卫信号区域报警器
	动断（常闭）触点	△	电警笛
	动断触点		

表 6.6　　　　　　　　　　　　　　　　灯具、开关、插座

图 例	名 称	图 例	名 称
⊗	灯		单相插座
⊗	花灯		暗装单相插座
⊗	投光灯		密闭防水单相插座
▣	应急灯		防爆单相插座
⊗→	聚光灯		带接地插孔的单相插座
⊗	泛光灯		带接地插孔的暗装单相插座
	单管荧光灯		带接地插孔的密闭单相插座
	双管荧光灯		带接地插孔的防爆单相插座
	三管荧光灯		带接地插孔的三相插座
5	五管荧光灯		带接地插孔的暗装三相插座
▶	防爆荧光灯		带接地插孔的密闭三相插座
⊗	在专用电路上的事故照明灯		带接地插孔的防爆三相插座
▬	气体放电灯的辅助设备		密闭单极开关

续表

图　例	名　　称	图　例	名　　称
	防爆单极开关		三极开关
	插座箱		暗装三极开关
	多个插座		密闭三极开关
	具有单极开关的插座		防爆三极开关
	具有隔离变压器的插座		单极拉线开关
	带熔断器的插座		单极双控拉线开关
	带护板的插座		单极限时开关
	开关		双极开关（单极三线）
	单极开关		具有指示灯的开关
	暗装单极开关		多拉开关（如用于不同照度）
	双极开关		钥匙开关
	暗装双极开关		防水拉线开关
	密闭双极开关		电铃开关
	防爆双极开关		

表 6.7　　　　　　　　　　电 气 线 路 图

图　例	名　　称	图　例	名　　称
	配电线路的一般符号		滑触线
	厂区配电线路的一般符号，当需区分架空线路和电缆线路时： (1) 电缆线路 (2) 架空线路		避雷线（避雷装置）
——0.38—— ——0.38——	当需要区分电压等级时加注电压。单位：kV。例如： (3) 0.38kV 电缆线路 (4) 0.38kV 架空线路		接地装置： (1) 有接地极 (2) 无接地极
			导线分支及相交 (1) 分支 (2) 相交不连接
	移动式用电设备的软电缆或软导线		导线由上引来、由下引来、引上、引下
— — —	事故照明线路		导线引上并引下、由上引来再引下
— ··· —	警卫照明线路		导线由下引来再引上

表 6.8   电缆附件图形符号

图 例	名 称	图 例	名 称
	多线表示电缆密封终端头（示带一根三芯电缆）		多线表示电缆直通接线盒示出带三根导线
	单线表示电缆密封终端头（示带一根三芯电缆）		单线表示电缆直通接线盒示出带三根导线
	不需要示出电缆芯数的电缆终端头		多线表示电缆连接盒电缆分线盒示出带三根导线 T 形连接
	电缆密封终端头示出带三根单芯电缆		多线表示电缆连接盒电缆分线盒示出带三根导线 T 形连接

（2）常用电气文字标注。

1）导线的标注。在系统图或平面图的图线旁标注一固定的文字符号，用以说明线路的用途、导线型号、规格、根数、线路敷设方式及敷设部位等。

导线标注的基本格式：

$$a—b(c×d)e—f$$

其中，a—线路编号或线路用途的符号；b—导线型号；c—导线根数；d—导线截面，单位为 mm^2；e—保护管管径，单位为 mm；f—线路敷设方式和敷设部位，其具体的文字符号见表 6.9 和表 6.10。

表 6.9   线 路 配 线 方 式 符 号

符 号	名 称	符 号	名 称
SC	焊接钢管配线	TC	电线管（薄壁钢壁）配线
P	硬塑料管配线（PVC）	PC	软塑料管配线
F	金属软管（蛇皮管）配线	CT	电缆桥架配线

表 6.10   线 路 敷 设 部 位 符 号

符 号	名 称	符 号	名 称
M	沿钢索配线	BE	沿梁或屋架下弦明配线
CLE	沿柱明配线	WE	沿墙明配线
FC	埋地面（板）敷设	CLE	跨柱明配线
CE	沿天棚明配线	BC	在梁内或沿梁暗配线
CLC	在柱内或沿柱暗配线	WC	在墙内暗配线
CC	在顶棚内暗配线		

2）动力、照明设备在平面图上表示方法。

a. 用电设备标注格式：

$$\frac{a}{b} \quad 或 \quad \frac{a}{b}\left|\frac{c}{d}\right.$$

其中，a—设备编号；b—额定功率，kW；c—线路首端熔断片或自动开关脱扣器电流，A；d—安装标高，m。

b. 电力和照明配电箱标注格式：

$$a\frac{b}{c} \quad 或 \quad a—b—c$$

当需要标注引入线规格时为

$$a\frac{b—c}{d(e\times f)—g}$$

其中，a—设备编号；b—设备型号；c—设备功率，kW；d—导线型号；e—导线根数；f—导线截面，mm^2；g—导线敷设方式及部位。

c. 灯具的标注方法：

$$a—b\frac{c\times d\times L}{e}f$$

若为吸顶灯则为

$$a—b\frac{c\times d\times L}{—}f$$

其中，a—灯具数量；b—灯具型号或编号；c—每盏照明灯具的灯泡（管）数量；d—灯泡（管）容量，W；e—灯泡（管）安装高度，m；f—灯具安装方式（WP，C，P，R，W）；L—光源种类（Ne，Xe，Na，Hg，I，IN，FL）。

d. 开关及熔断器标注格式：

$$a\frac{b}{c/i} \quad 或 \quad a—b—c/i$$

当需要标注引入线规格时为

$$a\frac{b—c/i}{d(e\times f)—g}$$

其中，a—设备编号；b—设备型号；c—额定电流，A；i—整（镇）定电流，A；d—导线型号；e—导线根数；f—导线截面，mm^2；g—导线敷设方式及部位。

6.2.2 建筑电气施工图图纸组成和识图方法

6.2.2.1 图纸组成

1. 图纸目录与设计说明

包括图纸内容、数量、工程概况、设计依据以及图中未能表达清楚的各有关事项，如供电电源、供电方式、电压等级、线路敷设方式、防雷接地、设备安装高度及安装方式、工程主要技术数据、施工注意事项等。

2. 主要材料设备表

包括工程中所使用的各种设备和材料的名称、型号、规格、数量等，它是编制购置设备、材料计划的重要依据之一。

3. 系统图

包括变配电工程的供配电系统图、照明工程的照明系统图、电缆电视系统图等。系统图反映了系统的基本组成、主要电气设备、元件之间的连接情况以及它们的规格、型号、参数等。

4. 平面布置图

电气平面图表示电气设备与连接线路的具体位置、线路的规格与敷设方式、电气设备的型号规格、各支路的编号以及施工要求，它是电气施工中的主要图纸。

动力与照明平面图是表示建筑物内动力、照明设备和线路布置的图纸。绘制动力与照明平面图时，应满足下列要求：

（1）动力与照明平面图应按建筑物不同标高的楼层分别画出。

（2）导线和各种用电设备必须用国际规定的图形、符号。

（3）导线及各种设备的垂直距离和空间位置均标注安装标高，必要时可以附以说明，而不另用立面图表示。

（4）应标画出与电气系统有关的门窗位置、楼梯与房间的布置、采暖通风及排水管线、建筑物轴线等。

在平面图上，应标明配电箱、灯具、开关、插座、线路等的位置；标注线路走向、引入线及进户装置的安装高度（距地高度）；标注线路、灯具、配电设备的容量及型号。对于某些复杂工程还应画出局部平面或剖面图。各车间、工班组、各房间的名称、吊车的台数等必须标注清楚。在描绘配电箱、开关柜、启动器箱、线路等的平面布置时，应注明编号、型号规格、保护管径、安装高度以及敷设方式。有多个配电箱时，应用文字符号加以区别。

5. 控制原理图

包括系统中各所用电气设备的电气控制原理，用以指导电气设备的安装和控制系统的调试运行工作。

6. 安装接线图

包括电气设备的布置与接线，应与控制原理图对照阅读，进行系统的配线和调校。

7. 安装大样图

安装大样图（安装详图）是详细表示电气设备安装方法的图纸，对安装部件的各部位注有具体图形和详细尺寸，是进行安装施工和编制工程材料计划时的重要参考。

6.2.2.2　照明施工图阅读方法及注意事项

（1）了解建筑物的基本情况，如房屋结构、房间分布与功能等。

（2）阅读施工说明。（施工说明表达了图中无法表示或不易表示，但又与施工有关的问题。）

（3）阅读照明系统图，了解整个系统的基本组成，相互关系。了解进户线规格型号、干线数量和规格型号、各支路的负荷分配情况和连接情况。

（4）阅读照明平面图，熟悉电气设备、灯具等在建筑物内的分布及安装位置，同时明确它是属于哪条支路的负荷，从而弄清它们之间的连接关系。

一般从进线开始，经过配电箱后，一条支路一条支路地看。遵循从系统图到施工平面图、从电源配电盘到配线电具的原则，同时结合施工方式，看清电源进线，看懂接线方式。从系统图上了解整个配电系统由哪些主要设备组成，有多少个回路；从平面图上了解各元件和设备安装的位置、安装和敷设方式。将系统图和平面图结合起来看，并熟悉"设计说明"中的内容，弄清设计意图，以便正确指导施工。

由于照明灯具控制方式的多样性，使得导线之间的连接关系较复杂，需要注意的是，相线必须经开关后再接灯座，而零线则可直接进灯座，保护线则直接与灯具金属外壳相连接。

6.3 建筑电气工程计量与计价

6.3.1 建筑给排水定额及应用

6.3.1.1 定额的适用范围

《全国统一安装工程预算定额》第二册《电气设备安装工程》适用于工业与民用新建、扩建工程中 10kV 以下变配电设备及线路安装工程、车间动力电气工程及电气照明器具、防雷及接地装置安装、配管配线、电梯电气装置、电气调整试验等的安装工程。

本定额不包括以下内容：

（1）10kV 以上及专业专用项目的电气设备安装。

（2）电气设备（如电动机等）配合机械设备进行单体试运转和联合试运转工作。

6.3.1.2 各项费用的规定

（1）脚手架搭拆费。脚手架搭拆费（10kV 以下架空线路除外）等于单位工程全部定额人工费乘以脚手架搭拆费费率。建筑电气工程脚手架搭拆费按人工费的 4% 计算，其中人工工资占 25%。

（2）高层建筑增加费。《全国统一安装工程预算定额》规定给排水工程预算中的高层建筑是指高度在 6 层以上或檐高在 20m 以上的工业和民用建筑。当建筑物高度在 6 层或 20m 以上时，应按表 6.11 计算高层建筑增加费。

表 6.11   建筑电气工程高层建筑增加费

层 数	9 层以下（30m）	12 层以下（40m）	15 层以下（50m）	18 层以下（60m）	21 层以下（70m）	24 层以下（80m）
按人工费的百分比（%）	1	2	4	6	8	10
层 数	27 层以下（90m）	30 层以下（100m）	33 层以下（110m）	36 层以下（120m）	39 层以下（130m）	42 层以下（140m）
按人工费的百分比（%）	13	16	19	22	25	28
层 数	45 层以下（150m）	48 层以下（160m）	51 层以下（170m）	54 层以下（180m）	57 层以下（190m）	60 层以下（200m）
按人工费的百分比（%）	31	34	37	40	43	46

（3）工程超高增加费。超高增加费是指实际操作高度超过定额考虑的操作高度时计取的费用。建筑电气定额中操作高度均以 5m 以上、20m 以下的电气安装工程，按超高部分人工费的 33% 计算。

（4）安装与生产同时进行时，安装工程的总人工费增加 10%，全部为因降效而增加的人工费（不含其他费用）。

（5）在有害人身健康的环境（包括高温、多尘、噪声超过标准和在有害气体等有害环境）中施工时，安装工程的总人工费增加 10%，全部为因降效而增加的人工费（不含其他费用）。

6.3.2 建筑电气工程清单及应用

《通用安装工程工程量计算规范》（GB 50856—2013）附录 D 为"电气设备安装工程"。

本书仅介绍建筑电气照明工程和建筑工程防雷接地部分，特予说明。

1 控制设备及低压电器安装（编码：030404）

控制设备及低压电器安装工程量清单项目设置、项目特征描述的内容、计量单位及工程量计算规则，应按表6.12的规定执行。

表 6.12　控制设备及低压电器安装

项目编码	项目名称	项目特征	计量单位	工程量计算规则	工作内容
030404004	低压开关柜（屏）	1. 名称 2. 型号 3. 规格 4. 种类 5. 基础型钢形式、规格 6. 接线端子材质、规格 7. 端子板外部接线材质、规格 8. 小母线材质、规格 9. 屏边规格	台	按设计图示数量计算	1. 本体安装 2. 基础型钢制作、安装 3. 端子板安装 4. 焊、压接线端子 5. 盘柜配线、端子接线 6. 屏边安装 7. 补刷（喷）油漆 8. 接地
030404016	控制箱	1. 名称 2. 型号 3. 规格 4. 基础形式、材质、规格 5. 接线端子材质、规格 6. 端子板外部接线材质、规格 7. 安装方式	台		1. 本体安装 2. 基础型钢制作、安装 3. 焊、压接线端子 4. 补刷（喷）油漆 5. 接地
030404017	配电箱				
030404018	插座箱	1. 名称 2. 型号 3. 规格 4. 安装方式			1. 本体安装 2. 接地
030404019	控制开关	1. 名称 2. 型号 3. 规格 4. 接线端子材质、规格 5. 额定电流（A）	个		1. 本体安装 2. 焊、压接线端子 3. 接线
030404020	低压熔断器	1. 名称 2. 型号 3. 规格 4. 接线端子材质、规格			
030404031	小电器	1. 名称 2. 型号 3. 规格 4. 接线端子材质、规格	个 （套、台）		1. 本体安装 2. 焊、压接线端子 3. 接线
030404032	端子箱	1. 名称 2. 型号 3. 规格 4. 安装部位	台		1. 本体安装 2. 接线

项目编码	项目名称	项目特征	计量单位	工程量计算规则	工作内容
030404033	风扇	1. 名称 2. 型号 3. 规格 4. 安装方式	台	按设计图示数量计算	1. 本体安装 2. 调速开关安装
030404034	照明开关	1. 名称 2. 材质 3. 规格 4. 安装方式	个		1. 本体安装 2. 接线
030404035	插座				
030404036	其他电器	1. 名称 2. 规格 3. 安装方式	个 (套、台)		1. 安装 2. 接线

注：1. 控制开关包括：自动空气开关、刀型开关、铁壳开关、胶盖刀闸开关、组合控制开关、万能转换开关、风机盘管三速开关、漏电保护开关等。

2. 小电器包括：按钮、电笛、电铃、水位电气信号装置、测量表计、继电器、电磁锁、屏上辅助设备、辅助电压互感器、小型安全变压器等。

2 电缆安装（编码：030408）

电缆安装工程量清单项目设置、项目特征描述的内容、计量单位及工程量计算规则，应按表6.13的规定执行。

表 6.13　　　　电　缆　安　装

项目编码	项目名称	项目特征	计量单位	工程量计算规则	工作内容
030408001	电力电缆	1. 名称 2. 型号 3. 规格 4. 材质 5. 敷设方式、部位 6. 电压等级（kV） 7. 地形	m	按设计图示尺寸以长度计算（含预留长度及附加长度）	1. 电缆敷设 2. 揭（盖）盖板
030408002	控制电缆				
030408003	电缆保护管	1. 名称 2. 材质 3. 规格 4. 敷设方式			保护管敷设
030408004	电缆槽盒	1. 名称 2. 材质 3. 规格 4. 型号		按设计图示尺寸以长度计算	槽盒安装
030408005	铺砂、盖保护板（砖）	1. 种类 2. 规格			1. 铺砂 2. 盖板（砖）
030408006	电力电缆头	1. 名称 2. 型号 3. 规格 4. 材质、类型 5. 安装部位 6. 电压等级（kV）	个	按设计图示数量计算	1. 电力电缆头制作 2. 电力电缆头安装 3. 接地

续表

项目编码	项目名称	项目特征	计量单位	工程量计算规则	工作内容
030408007	控制电缆头	1. 名称 2. 型号 3. 规格 4. 材质、类型 5. 安装方式	个	按设计图示数量计算	1. 电力电缆头制作 2. 电力电缆头安装 3. 接地
030408008	防火堵洞	1. 名称 2. 材质 3. 方式 4. 部位	处	按设计图示数量计算	安装
030408009	防火隔板			按设计图示尺寸以面积计算	
030408010	防火涂料		Kg	按设计图示尺寸以质量计算	
030408011	电缆分支箱	1. 名称 2. 型号 3. 规格 4. 基础形式、材质、规格	台	按设计图示数量计算	1. 本体安装 2. 基础制作、安装

注：1. 电缆穿刺线夹按电缆头编码列项。
　　2. 电缆井、电缆排管、顶管，应按《市政工程工程量计算规范》（GB 50857—2013）相关项目编码列项。

3 防雷及接地装置（编码：030409）

防雷及接地装置工程量清单项目设置、项目特征描述的内容、计量单位及工程量计算规则，应按表6.14的规定执行。

表6.14　　　　　　　　　　　防雷及接地装置

项目编码	项目名称	项目特征	计量单位	工程量计算规则	工作内容
030409001	接地极	1. 名称 2. 材质 3. 规格 4. 土质 5. 基础接地形式	根（块）	按设计图示数量计算	1. 接地极（板、桩）制作、安装 2. 基础接地网安装 3. 补刷（喷）油漆
030409002	接地母线	1. 名称 2. 材质 3. 规格 4. 安装部位 5. 安装形式			1. 接地母线制作、安装 2. 补刷（喷）油漆
030409003	避雷引下线	1. 名称 2. 材质 3. 规格 4. 安装部位 5. 安装形式 6. 断接卡子、箱材质、规格	m	按设计图示尺寸以长度计算（含附加长度）	1. 避雷引下线制作、安装 2. 断接卡子、箱制作、安装 3. 利用主钢筋焊接 4. 补刷（喷）油漆
030409004	均压环	1. 名称 2. 材质 3. 规格 4. 安装形式			1. 均压环敷设 2. 钢铝窗接地 3. 柱主筋与圈梁焊接 4. 利用圈梁钢筋焊接 5. 补刷（喷）油漆

续表

项目编码	项目名称	项目特征	计量单位	工程量计算规则	工作内容
030409005	避雷网	1. 名称 2. 材质 3. 规格 4. 安装形式 5. 混凝土块标号	m	按设计图示尺寸以长度计算（含附加长度）	1. 避雷网制作、安装 2. 跨接 3. 混凝土块制作 4. 补刷（喷）油漆
030409006	避雷针	1. 名称 2. 材质 3. 规格 4. 安装形式、高度	根	按设计图示数量计算	1. 避雷针制作、安装 2. 跨接 3. 补刷（喷）油漆
030409007	半导体少长针消雷装置	1. 型号 2. 高度	套		本体安装
030409008	等电位端子箱、测试板	1. 名称 2. 材质 3. 规格	台（块）		
030409009	绝缘垫		m²	按设计图示尺寸以展开面积计算	1. 制作 2. 安装
030409010	浪涌保护器	1. 名称 2. 规格 3. 安装形式 4. 防雷等级	个	按设计图示数量计算	1. 本体安装 2. 接线 3. 接地
030409011	降阻剂	1. 名称 2. 类型	kg	按设计图示以质量计算	1. 挖土 2. 施放降阻剂 3. 回填土 4. 运输

注：1. 利用桩基础作接地极，应描述桩台下桩的根数，每桩台下需焊接柱筋根数，其工程量按柱引下线计算；利用基础钢筋作接地极按均压环项目编码列项。
　　2. 利用柱筋作引下线的，需描述柱筋焊接根数。
　　3. 利用圈梁筋作均压环的，需描述圈梁筋焊接根数。

4　配管配线（编码：030411）

配管配线工程量清单项目设置、项目特征描述的内容、计量单位及工程量计算规则，应按表6.15的规定执行。

表6.15　配　管　配　线

项目编码	项目名称	项目特征	计量单位	工程量计算规则	工作内容
030411001	配管	1. 名称 2. 材质 3. 规格 4. 配置形式 5. 接地要求 6. 钢索材质、规格	m	按设计图示尺寸以长度计算	1. 电线管路敷设 2. 钢索架设（拉紧装置安装） 3. 预留沟槽 4. 接地
030411002	线槽	1. 名称 2. 材质 3. 规格			1. 本体安装 2. 补刷（喷）油漆

项目编码	项目名称	项目特征	计量单位	工程量计算规则	工作内容
030411003	桥架	1. 名称 2. 型号 3. 规格 4. 材质 5. 类型 6. 接地方式	m	按设计图示尺寸以长度计算	1. 本体安装 2. 接地
030411004	配线	1. 名称 2. 配线形式 3. 型号 4. 规格 5. 材质 6. 配线部位 7. 配线线制 8. 钢索材质、规格	m	按设计图示尺寸以单线长度计算（含预留量）	1. 配线 2. 钢索架设（拉紧装置安装） 3. 支持体（夹板、绝缘子、槽板等）安装
030411005	接线箱	1. 名称 2. 材质 3. 规格 4. 安装形式	个	按设计图示数量计算	本体安装
030411006	接线盒				

注：1. 配管、线槽安装不扣除管路中间的接线箱（盒）、灯头盒、开关盒所占长度。
2. 配管名称指电线管、钢管、防爆管、塑料管、软管、波纹管等。
3. 配管配置形式指明配、暗配、吊顶内、钢结构支架、钢索配管、埋地敷设、水下敷设、砌筑沟内敷设等。
4. 配线名称指管内穿线、瓷夹板配线、塑料夹板配线、绝缘子配线、槽板配线、塑料护套配线、线槽配线、车间带形母线等。
5. 配线形式指照明线路、动力线路、木结构、顶棚内、砖、混凝土结构，沿支架、钢索、屋架、梁、柱、墙，以及跨屋架、梁、柱。
6. 配线保护管遇到下列情况之一时，应增设管路接线盒和拉线盒：①管长度每超过30m，无弯曲；②管长度每超过20m，有1个弯曲；③管长度每超过15m，有2个弯曲；④管长度每超过8m，有3个弯曲。垂直敷设的电线保护管遇到下列情况之一时，应增设固定导线用的拉线盒：①管内导线截面为50mm^{2}及以下，长度每超过30m；②管内导线截面为70～95mm^2，长度每超过20m；③管内导线截面为120～240mm^2，长度每超过18m。在配管清单项目计量时，设计无要求时上述规定可以作为计量接线盒、拉线盒的依据。

5 照明器具安装（编码：030412）

照明器具安装工程量清单项目设置、项目特征描述的内容、计量单位及工程量计算规则，应按表6.16的规定执行。

表6.16   照明器具安装

项目编码	项目名称	项目特征	计量单位	工程量计算规则	工作内容
030412001	普通灯具	1. 名称 2. 型号 3. 规格 4. 类型	套	按设计图示数量计算	本体安装
030412002	工厂灯	1. 名称 2. 型号 3. 规格 4. 安装形式			

续表

项目编码	项目名称	项目特征	计量单位	工程量计算规则	工作内容
030412003	高度标志 （障碍）灯	1. 名称 2. 型号 3. 规格 4. 安装部位 5. 安装高度	套	按设计图示数量 计算	本体安装
030412004	装饰灯	1. 名称 2. 型号 3. 规格 4. 安装形式			
030412005	荧光灯				
030412006	医疗专用灯	1. 名称 2. 型号 3. 规格			

注：1. 普通灯具包括圆球吸顶灯、半圆球吸顶灯、方形吸顶灯、软线吊灯、座灯头、吊链灯、防水吊灯、壁灯。
　　2. 工厂灯包括工厂罩灯、防水灯、防尘灯、碘钨灯、投光灯、泛光灯、混光灯、密闭灯等。
　　3. 高度标志（障碍）灯包括烟囱标志灯、高塔标志灯、高层建筑屋顶障碍指示灯等。
　　4. 装饰灯包括吊式艺术装饰灯、吸顶式艺术装饰灯、荧光艺术装饰灯，几何型组合艺术装饰灯、标志灯、诱导装饰灯、水下（上）艺术装饰灯，点光源艺术灯，歌舞厅灯具、草坪灯具等。
　　5. 医疗专用灯包括病房指示灯、病房暗脚灯、紫外线杀菌灯、无影灯等。

6　电气调整试验（编码：030414）

电气调整试验工程量清单项目设置、项目特征描述的内容、计量单位及工程量计算规则，应按表 6.17 的规定执行。

表 6.17　　　　　　　　　　电气调整试验

项目编码	项目名称	项目特征	计量单位	工程量计算规则	工作内容
030414002	送配电装置系统	1. 名称 2. 型号 3. 电压等级（kV） 4. 类型	系统	按设计图示系统 计算	系统调试
030414008	母线	1. 名称 2. 电压等级（kV）	段	按设计图示数量 计算	调试
030414009	避雷器		组		
030414011	接地装置	1. 名称 2. 类别	1. 系统 2. 组	1. 以系统计量，按设计图示系统计算 2. 以组计量，按设计图示数量计算	接地电阻测试计算
030414015	电缆试验	1. 名称 2. 电压等级（kV）	次 （根、点）	按设计图示数量 计算	试验

6.3.3　建筑电气工程计量与计价方法

6.3.3.1　控制设备及低压电器具

1. 成套配电箱安装

各种动力、照明成套配电箱安装，分落地式和悬挂嵌入式两种。悬挂嵌入式按配电箱半周长（0.5m、1.0m、1.5m、2.5m）套用定额子目。工作内容包括开箱、检查、安装、查校线、接地。(注意:定额子目未包括支架制作安装。)

进出配电箱的导线应另行计算端子板外部接线或焊、压接线端子的工程量,套用相应定额。

焊压接线端子是指截面 $16mm^2$ 以上多股单芯导线与设备或电源连接时必须加装的接线端子,工程量计算应区分导线及接线端子材质。焊(压)接线端子以"个"为计量单位,根据配电箱的进出导线数确定,定额只适用于导线,电缆终端头制作安装定额中已经包括压接线端子,不得重复计算。

盘、箱、柜外部进出线预留长度工程量,应按表 6.18 计算。

表 6.18 　　　　　　　　**盘、箱、柜的外部进出线预留长度** 　　　　　　　单位:m/根

序号	项 目	预留长度	说 明
1	各种箱、柜、盘、板、盒	高+宽	盘面尺寸
2	单独安装的铁壳开关、自动开关、刀开关、启动器、箱式电阻器、变阻器	0.5	从安装对象中心算起
3	继电器、控制开关、信号灯、按钮、熔断器等小电器	0.3	从安装对象中心算起
4	分支接头	0.2	分支线预留

2. 低压控制台、屏、柜、箱等安装

(1) 定额单位:无论明装、暗装、落地、嵌入、支架式安装方式,不分型号、规格,均以"台"计量。

(2) 工程量计算:按施工图中的实际数量计算。

(3) 落地、支架安装的设备均未包括基础槽钢、角钢及支架的制作、安装。

1) 基础槽钢、角钢的制作:按施工图设计尺寸计算重量,以"100kg"计量,执行铁构件制作项目。

2) 基础槽钢、角钢的安装:按施工图设计尺寸计算长度,以"m"计量

3) 支架制作、安装:按施工图设计尺寸计算重量,以"100kg"计量,执行铁构件制作、安装项目。

3. 各种开关的安装

常用开关有控制开关,熔断器,限位开关,控制、接触启动器,电磁铁,快速自动开关,按钮,电笛,电铃,水位电气信号装置等。

(1) 定额单位:"个"或"台"。

(2) 工程量计算:按施工图中的实际数量计算。

6.3.3.2 电缆工程量的计算

1. 电缆敷设工程量计算规则

如图 6.14 所示,电缆敷设工程量的计算方法为

$$L=(L_1+L_2+L_3)\times(1+2.5\%)$$

式中 L——电缆敷设总长度,m;

L_1——电缆水平长度,m;

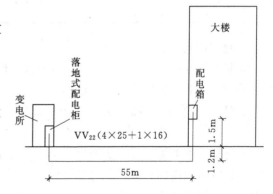

图 6.14 电缆工程量计算示意图

L_2——电缆垂直长度，m；

L_3——电缆预留长度，m，见表 6.19；

2.5%——曲折弯曲余量系数。

凡 10kV 以下的电力电缆和控制电缆均不分结构形式和型号，不分敷设方式，只区分线芯材质（铜芯或铝芯），区分一般敷设和竖直通道敷设，并按电缆截面积和芯数，以"100m"计量。电缆价值不包括在定额中，应按实物净尺寸加上预留量和损耗量后乘以电缆单价另行计算。

电力电缆头定额均按铝芯电缆考虑的，铜芯电力电缆头按同截面电缆头定额乘以系数 1.2，双屏蔽电缆头制作安装人工乘以系数 1.05。电缆终端头及中间头均以"个"为计量单位。电力电缆和控制电缆均按一根电缆有两个终端头考虑。中间头设计有图示的，按设计图示确定；设计没有规定的，按实际情况计算（或按平均 250m 一个中间头考虑）。

单芯电力电缆敷设按同截面电缆定额乘以系数 0.67。截面 800~1000mm² 的单芯电力电缆敷设按 400mm² 电力电缆定额乘以系数 1.25 执行。

电力电缆敷设定额均按三芯（包括三芯接地）考虑的，五芯电力电缆敷设定额乘以系数 1.3，六芯电力电缆乘以系数 1.6，每增加一芯定额增加 30%，依此类推。

表 6.19　　　　　　　　　　　　　　电缆敷设预留及附加长度

序号	项　　目	预留（附加）长度	说　　明
1	电缆敷设驰度、波形弯度、交叉	2.5%	按电缆全长计算
2	电缆进入建筑物	2.0m	规范规定最小值
3	电缆进入沟内或吊架时引上（下）预留	1.5m	规范规定最小值
4	变电所进线、出线	1.5m	规范规定最小值
5	电力电缆终端头	1.5m	检修余量最小值
6	电缆中间接头盒	两端各留 2.0m	检修余量最小值
7	电缆进控制、保护屏及模拟盘、配电箱等	高+宽	按盘面尺寸
8	高压开关柜及低压配电盘、箱	2.0m	盘下进出线
9	电缆至电动机	0.5m	从电动机接线盒算起
10	厂用变压器	3.0m	从地坪算起
11	电缆绕过梁柱等增加长度	按实计算	按被绕物的断面情况计算增加长度
12	电梯电缆与电缆架固定点	每处 0.5m	规范规定最小值

2. 电缆沟挖填土（石）方量

电缆直埋时挖填土石方量，电缆沟有设计断面时，按图计算土石方量；电缆沟无设计断面图时，按以下方法计算土石方量。

如图 6.15 所示，两根电缆以内土石方量（每米沟长）：

$$V=(0.6+0.4)\times0.9\div2=0.45(m^3)$$

每增加一根电缆，其沟宽增加 0.17m，每米沟长增加 0.153m³ 土石方量。

电缆直埋沟内铺砂盖砖工程量，以沟长度"m"计量。以 1~2 根电缆为准，每增一根另立项再套定额计算。电缆不盖砖而盖钢筋混凝土保护板时，或埋电缆标志桩时，用相应定额，其钢筋混凝土保护板和标志桩的加工制作在定额中不包括，按建筑工程定额有关规定或按实际情况计算。

　　3. 电缆保护管工程量计算规则

　　（1）电缆保护管：无论是引上管、引下管、过沟管、穿路管、穿墙管均按长度"m"计量，以管的材质（铸铁管，钢管和混凝土管）分档，套《全国统一安装工程预算定额》第二册第八章定额。直径φ100以下的电缆保护管敷设按"配管配线"有关项目执行。

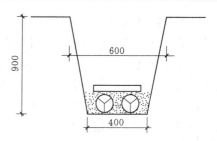

图6.15　电缆沟（单位：mm）

　　（2）电缆保护管长度，除按设计规定长度计算外，遇有下列情况，应按以下规定增加保护管长度：

　　a. 横穿道路，按路基宽度方向，两端各增加2m。

　　b. 垂直敷设时，管口距地面增加2m。

　　c. 穿过建筑物外墙时，按基础外缘以外增加1m。

　　d. 穿过排水沟时，按沟壁外缘以外增加1m。

　　（3）电缆保护管沟土石方挖填量计算：

$$V=(D+2\times0.3)HL$$

式中　D——保护管外径；

　　　　H——沟深；

　　　　L——沟长。

　　填方不扣保护管体积，有施工图时按图开挖，无注明时一般按沟深0.9m，沟宽按最外边的保护管两侧边缘外各增加0.3m工作面计算。

　　4. 电缆桥架安装工程量计算规则

　　（1）当桥架为成品时，按"m"计量安装，套用第二册《电气设备安装工程》定额有关子目。其中桥架安装包括运输、组对、吊装、固定、弯通或三通、四通修改、制作组对，切割口防腐，桥架开孔，上管件、隔板安装、盖板安装、接地、附件安装等工作内容。

　　（2）若须现场加工桥架时，其制作量以"100kg"计量，套用第二册《电气设备安装工程》定额有关子目。

　　（3）电缆桥架只按材质（钢、玻璃钢、铝合金、塑料）分类，按槽式、梯式、托盘式分档，以"m"计量；在竖井内敷设时人工和机械乘系数1.3；注意桥架的跨接、接地的安装项目。

　　（4）桥架支撑架项目适用于立柱、托臂及其他各种支撑架的安装。项目中已综合考虑了，采用螺栓、焊接和膨胀螺栓三种固定方式。

　　（5）玻璃钢梯式桥架和铝合金梯式桥架项目均按不带盖考虑，如这两种桥架带盖，则分别执行玻璃钢槽式桥架和铝合金槽式桥架项目。

　　（6）钢制桥架主结构设计厚度大于3mm时，项目人工、机械乘以系数1.2。

　　（7）不锈钢桥架按钢制桥架项目乘以系数1.1执行。

6.3.3.3　配管配线

配管、配线是指电气设备安装工程中配电线路和配电线路保护管的敷设。

　　1. 配管工程量计算

配管工程量计算规则：各种配管工程量以管材质、规格和敷设方式不同，按"延长米"

计量，不扣除接线盒（箱）、灯头盒、开关盒所占长度。

计算时从配电箱起按各个回路进行计算，或按建筑物自然层划分计算，或按建筑平面形状特点及系统图的组成特点分片划块计算，然后汇总；千万不要"跳算"，防止混乱，影响工程量计算的正确性。配管工程量计算时应注意的问题：

（1）不论明配还是暗配管，其工程量均以管子轴线为理论长度计算。水平管长度可按平面图所示标注尺寸或用比例尺量取，垂直管长度可根据层高和安装高度计算。

（2）在计算配管工程量时要重点考虑管路两端、中间的连接件：①两端应该预留的要计入工程量（如进、出户管端）；②中间应该扣除的必须扣除（如配电箱等所占长度）。

（3）明配管工程量计算时，要考虑管轴线与墙的距离，如在设计无要求时，一般可以墙皮作为量取计算的基准；设备、用电器具作为管路的连接终端时，可以其中心作为量取计算的基准。

（4）暗配管工程量计算时，可以墙体轴线作为量取计算的基准；如设备和用电器具作为管路的连接终端时，可以其中心线与墙体轴线的垂直交点作为量取计算的基准。

（5）在钢索上配管时，另外计算钢索架设和钢索拉紧装置制作与安装两项。

（6）当动力配管发生刨混凝土地面沟时，以"m"计量，按沟宽分档，套相应定额。

（7）在吊顶内配管敷设时，用相应管材明配线管定额。

（8）电线管、钢管明配、暗配均已包括刷防锈漆，若图纸设计要求作特殊防腐处理时，按第十一册《刷油、防腐蚀、绝热工程》定额规定计算，并用相应定额。

（9）配管工程包括接地跨接，不包括支架制作、安装，支架制作安装另立项计算。

2. 管内穿线工程量计算

管内穿线工程量计算规则：管内穿线按"单线延长米"计量。导线截面面积超过 $6mm^2$ 以上的照明线路，按动力穿线定额计算。

（1）如果相连的是盒（接线盒、灯头盒、开关盒、插座盒）和接线箱时，因为穿线项目中分别综合考虑了进入灯具及明暗开关、插座、按钮等预留导线的长度，因此穿线工程量不必考虑预留，计算公式为

$$单线延长米＝管长×管内穿线的根数（型号、规格相同）$$

（2）如果相连的是设备，那么穿线工程量必须考虑预留，配线进入箱、柜、板的预留长度见表 6.20，计算公式为

$$单线延长米＝（管长＋管两端所接设备的预留长度）×管内穿线根数。$$

（3）导线与设备相连时需设焊（压）接线端子，以"个"为计量单位，根据进出配电箱、设备的配线规格、根数计算，套用相应定额。

表 6.20　　　　　　　配线进入箱、柜、板的预留长度　　　　　　　单位：m/根

序号	项　　目	预留长度	说　　明
1	各种开关箱、柜、板	（高＋宽）	盘面尺寸
2	单独安装（无箱、盘）的铁壳开关、闸刀开关、启动器、线槽进出线盒等	0.3m	以安装对象中心算起
3	由地面管子出口引至动力接线箱	1.0m	以管口计算
4	电源与管内导线连接（管内穿线与软、硬母线接点）	1.5m	以管口计算
5	出户线	1.5m	以管口计算

（4）金属线槽和塑料线槽以及桥架配线时，线槽、桥架安装按"m"计量，工程量按施工图设计长度计算。

（5）线槽进出线盒以容量分档按"个"计量。

（6）线槽内配线以导线规格分档，以"单线延长米"计量，计算方法同管内穿线相同。

（7）线槽需要支架时，要列支架制作与安装两项。

（8）桥架的支架包括在桥架的安装定额中，不必单列项。

6.3.3.4　照明器具安装工程量计算

照明器具安装定额包括照明灯具安装、开关、按钮、插座、安全变压器、电铃及风扇安装，风机盘管开关等电器安装。

1. 灯具安装工程量计算

灯具安装工程量以灯具种类、型号、规格、安装方式划分定额，按"套"计量数量。《全国统一安装工程预算定额》第二册《电气设备安装工程》灯具安装定额使用注意问题：

（1）各型灯具的引线除注明者外，均已综合考虑在定额内，不另计算。

（2）定额已包括用摇表测量绝缘及一般灯具试亮工作，但不包括系统调试工作。

（3）路灯、投光灯、碘钨灯、烟囱和水塔指示灯，均已考虑了一般工程的高空作业因素。其他灯具，安装高度如果超过5m，应按第二册中的规定，计算超高增加费。

（4）灯具安装定额包括灯具和灯管（泡）的安装。灯具和灯管（泡）为未计价材料，它们的价格要列入主材费计算，一般情况灯具的预算价未包括灯管（泡）的价格，以各地灯具预算价或市场价为准。

（5）吊扇和日光灯的吊钩安装已包括在定额项目中，不另计。

（6）路灯安装，不包括支架制作及导线架设，应另列项计算。

2.《全国统一安装工程预算定额》第二册中的灯具安装定额分类

（1）普通灯具安装：包括吸顶灯、其他普通灯具两大类，均以"套"计量。

（2）荧光灯具安装：分组装型和成套型两类。组装型荧光灯每套可计算一个电容器安装及电容器的未计价材料价值，工程中多为成套型。

（3）工厂灯及防水防尘灯安装：这类灯具可分为两类，一是工厂罩及防水防尘灯；二是工厂其他常用碘钨灯、投光灯、混光灯等灯具安装，均以"套"计量。

（4）医院灯具安装：这类灯具分4种，即病房指示灯、病房暗脚灯、紫外线杀菌灯、无影灯，均以"套"计量。

（5）路灯安装：路灯包括两种，一是大马路弯灯安装，臂长有1200mm以下及以上；二是庭院路灯安装，分三火、七火以下柱灯两个子目，均以"套"计量。

3. 装饰灯具的安装

装饰灯具安装仍以"套"计量，根据灯的类别和形状，以灯具直径、灯垂吊长度、方形、圆形等分档；对照灯具图片套用定额。装饰灯具分类如下：

（1）吊式艺术装饰灯具：蜡烛式、挂片式、串珠（棒）式、吊杆、玻璃罩式等。

（2）吸顶式艺术装饰灯具：串珠（棒）式、挂片（碗、吊碟）式、玻璃罩式等。

（3）荧光艺术装饰灯具：组合式、内藏组合式、发光棚式和其他形式等。

（4）几何形状组合艺术装饰灯具。

（5）标志、诱导装饰灯具。

（6）水下艺术装饰灯具。

（7）点光源艺术装饰灯具。

（8）草坪灯具。

（9）歌舞厅灯具。

4．开关、按钮、插座及其他器具安装工程量计算

（1）开关安装：包括拉线开关、板把开关、板式开关、密闭开关、一般按钮开关安装，分明装与暗装，均以"套"计量。（注意：本处所列"开关安装"是指第二册《电气设备安装工程》第十三章"照明器具"用的开关，而不是指第二册第四章"控制设备及低压电器"所列的自动空气开关、铁壳开关和胶盖开关等电源用"控制开关"。）

（2）插座安装：定额分普通插座和防爆插座两类，又分明装与暗装，均以"套"计量。

（3）风扇、安全变压器、电铃安装：

1）风扇安装：吊扇不论直径大小均以"台"计量，定额包括吊扇调速器安装和壁扇、排风扇、鸿运扇安装，均以"台"计量。可套用壁扇的定额；带灯吊风扇安装用吊扇安装定额，或见各地补充定额；

2）安全变压器安装：以容量（VA）分挡，以"台"计量；但不包括支架制作，应另立项计算。

3）电铃安装：以铃径大小分挡，以"套"计量；门铃安装分明装与暗装，以"个"计量。

5．接线箱、盒等安装工程量计算

明配管和暗配线管，均发生接线盒（分线盒）或接线箱安装，开关盒、灯头盒及插座盒安装，它们均以"个"计量。其箱盒均为未计价材料。

接线盒的设置：接线盒的设置往往在平面图中反映不出来，但在实际施工中接线盒又是不可缺少的，一般在碰到下列情况时应设置接线盒（拉线盒），以便于穿线。

（1）管线分支、交叉接头处在没有开关盒、灯头盒、插座盒可利用时，就必须设置接线盒。

（2）水平线管敷设超过下列长度时中间应加接线盒：

1）管长超过30m且无弯时。

2）管长超过20m，中间只有1个弯时。

3）管长超过15m，中间有2个弯时。

4）管长超过8m，中间有3个弯时。

（3）垂直敷设电线管路超过下列长度时应设接线盒，并应将导线在管口处或接线盒中加以固定：

1）导线截面50mm² 及以下为 30 mm²。

2）导线截面70～95 mm² 为 20 mm²。

3）导线截面120～240 mm² 为 18 mm²。

（4）电线管路过建筑物伸缩缝、沉降缝等一般应作伸缩、沉降处理，宜设置接线盒（拉线盒）

（5）开关盒、灯头盒及插座盒：无论是明配管还是暗配管，应根据开关、灯具、插座的数量计算相应盒的工程量；材质根据管道的材质而定，分为铁质和塑料两种；插座盒、灯头

盒安装执行开关盒定额。

6.3.3.5　防雷接地工程的工程量计算

如图 6.16 所示，防雷接地系统由接闪器、引下线、接地装置组成。接闪器有避雷针、避雷网（避雷带）等。引下线由引下线、引下线支持卡子、断接卡子、引下线保护管等组成。接地装置部分包括接地母线、接地极等。

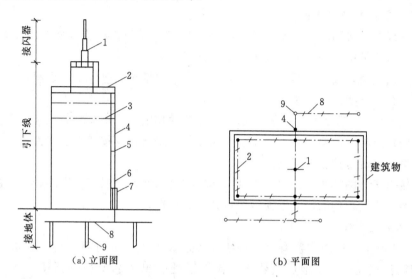

图 6.16　建筑物防雷接地系统

1—避雷针；2——避雷网；3—均压环；4—引下线；5—引下线卡子；6——断接卡子；

7—引下线保护管；8—接地母线；9—接地极

1. 避雷针安装工程量计算

（1）避雷针安装按在平屋顶上、在墙上、在构筑物上、在烟囱上及在金属容器上等划分定额。

1）平屋顶上、墙上、烟囱上避雷针安装以"根"或"组"计量。

2）独立避雷针安装以"基"计量，长度、高度、数量均按设计规定。

（2）避雷针加工制作，以"根"计量。

（3）避雷针拉线安装，以三根为一组，以"组"计量。

2. 避雷网安装

（1）避雷网敷设按沿折板支架敷设和沿混凝土块敷设，工程量以"m"计量。工程量计算式如下：

$$避雷网长度＝按图示尺寸计算的长度×（1＋3.9\%）$$

式中　3.9%——避雷网转弯、避绕障碍物、搭接头等所占长度附加值。

（2）混凝土块制作，以"块"计量，按支持卡子的数量考虑，一般每米1个，拐弯处每半米1个。

（3）均压环安装，以"m"计量。

1）单独用扁钢、圆钢作均压环时，工程量以设计需要作均压接地的圈梁的中心线长度按"延长米"计算，执行"均压环敷设"项目。

2）利用建筑物圈梁内主筋作均压环时，工程量以设计需要作均压接地的圈梁中心线长度，按"延长米"计算，定额按两根主筋考虑，超过两根主筋时，可按比例调整。

（4）柱子主筋与圈梁焊接，以"处"计量

柱子主筋与圈梁连接的"处"数按设计规定计算。每处按两根主筋与两根圈梁钢筋分别焊接连接考虑。如果焊接主筋和圈梁钢筋超过两根时，可按比例调整。

3. 引下线安装工程量计算

避雷引下线是从接闪器到断接卡子的部分，其定额划分有：沿建筑物、沿构筑物引下；利用建（构）筑物结构主筋引下；利用金属构件引下等。

（1）引下线安装，按施工图建筑物高度计算，以"延长米"计量，定额包括支持卡子的制作与埋设。其引下线工程量按下式计算：

$$引下线长度＝按图示尺寸计算的长度×（1＋3.9\%）$$

（2）利用建（构）筑物结构主筋作引下线安装，定额按焊按两根主筋考虑，以"m"计量，超过两根主筋时可按比例调整。

（3）断接卡子（图6.17）制作、安装，按"套"计量；按设计规定装设的断接卡子数量计算。接地检查井内的断接卡子安装按每井一套计算。

4. 接地体装置安装工程量计算

如图6.18所示，接地装置有接地母线、接地极组成，目前建筑物接地极利用建筑物基础内的钢筋作接地极，接地母线是从断接卡子处引出钢筋或扁钢预留，备用补打接地极用。

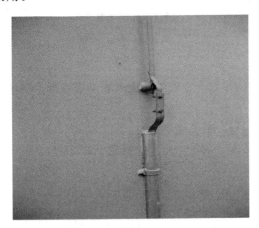
图6.17 断接卡子

图6.18 接地装置

（1）接地母线安装，一般以断接卡子所在高度为母线的计算起点，算至接地极处。接地母线材料用镀锌圆钢、镀锌扁钢或铜绞线，以"延长米"计量。其工程量计算如下：

$$接地母线长度＝按图示尺寸计算的长度×（1＋3.9\%）$$

（2）接地极安装：

1）单独接地极制作、安装，以"根"为计量，按施工图图示数量计算。

2）利用基础钢筋做接地极，以"m^2"计量，按基础尺寸计算工程量，引下线通过断接卡子后和基础钢筋焊接。

5. 接地跨接线工程量计算

接地跨接是接地母线、引下线、接地极等遇有障碍时，需跨越而相连的接头线称为跨接。接地跨接以"处"计量位。

接地跨接线安装定额包括接地跨接线、构架接地、钢铝窗接地三项内容。

（1）接地跨接一般出现在建筑物伸缩缝、沉降缝处，吊车钢轨作为接地线时的轨与轨连接处，防静电管道法兰盘连接处，以及通风管道法兰盘连接处等，如图 6.19（a）、（b）所示。

（2）按规程规定凡需作接地跨接线的工程，每跨接一次按一处计算，户外配电装置构架均需接地，每副构架按"一处"计算。

（3）钢、铝窗接地以"处"计量（高层建筑六层以上的金属窗设计一般要求接地），按设计规定接地的金属窗数进行计算。（玻璃幕墙）

（4）其他专业的金属管道要求在入户时进行接地的，按管道的根数进行计算。

（5）金属线管通过箱、盘、柜、盒等焊接的连接线，线管与线管连接管箍处的连接线，定额已包括其安装工作，不得再算跨接，如图 6.19（c）所示。

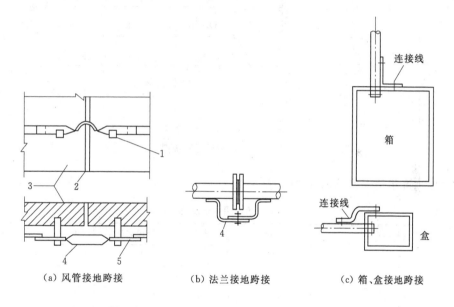

（a）风管接地跨接　　　　（b）法兰接地跨接　　　　（c）箱、盒接地跨接

图 6.19　接地跨接

1—接地母线卡子；2—伸缩（沉降）缝；3—墙体；4—跨接线；5—接地母线

6. 其他问题

（1）高层建筑物屋顶的防雷接地装置应执行"避雷网安装"项目，电缆支架的接地线安装应执行"户内接地母线敷设"项目。

（2）接地装置调试：

1）接地极调试，以"组"计量。接地极一般三根为一组，计一组调试。如果接地电阻未达到要求时，增加接地体后需再作试验，可另计一次调试费。

2）接地网调试，以"系统"计量。接地网是由多根接地极连接而成的，有时是由若干组构成大接地网。一般分网可按 10～20 根接地极构成。实际工作中，如果按分网计算有困难时，可按网长每 50m 为一个试验单位，不足 50m 也可按一个网计算工程量。设计有规定的可按设计数量计算。

6.3.4 建筑电气工程计量与计价案例分析

【例 6.1】 如图 6.20 和图 6.21 所示，工程为住宅楼某户型电气图，层高 2.8m。

（1）本工程电管采用阻燃塑料管，图中未标注的管段均穿 3 根 BV - 2.5 线。

（2）配电箱尺寸为 400mm×300mm（宽×高），箱底距地 1.8m，墙内暗装。

（3）工程措施费用只计取安全文明施工费，其他费用暂不计取。

试计算该住宅楼电气照明系统工程量，并编制分部分项工程量清单、计算工程造价。

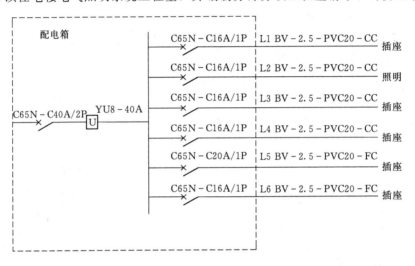

图 6.20 电气照明系统图

计量与计价相关表格见表 6.21～表 6.40。

表 6.21
电 管 水 平 长 度 表

序号	管段名称	单位	水平长度	序号	管段名称	单位	水平长度
1	L1 - 1	m	3.6	14	L2 - 13	m	2.1
2	L2 - 1	m	1.3	15	L2 - 14	m	1.9
3	L2 - 2	m	0.8	16	L2 - 15	m	0.8
4	L2 - 3	m	2.5	17	L3 - 1	m	2.2
5	L2 - 4	m	1.6	18	L4 - 1	m	5.1
6	L2 - 5	m	2.8	19	L4 - 2	m	3.6
7	L2 - 6	m	3.4	20	L5 - 1	m	4.3
8	L2 - 7	m	3.5	21	L5 - 2	m	3.2
9	L2 - 8	m	1.7	22	L5 - 3	m	1.7
10	L2 - 9	m	3.5	23	L5 - 4	m	3.7
11	L2 - 10	m	1.5	24	L5 - 5	m	3.8
12	L2 - 11	m	3.1	25	L5 - 6	m	2.5
13	L2 - 12	m	1.1	26	L6 - 1	m	11.2

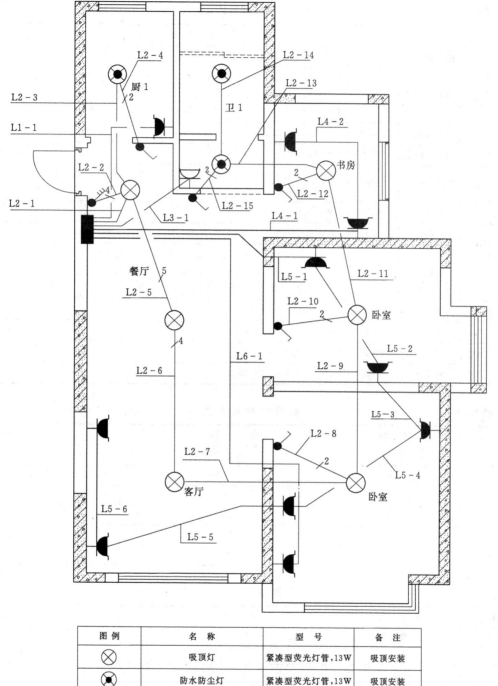

图 6.21 电气照明平面图

图例	名称	型号	备注
⊗	吸顶灯	紧凑型荧光灯管,13W	吸顶安装
⊗	防水防尘灯	紧凑型荧光灯管,13W	吸顶安装
单联/双联/三联单控暗开关	单联/双联/三联单控暗开关	10A	距地 1.3m
⊽	两孔三孔插座	安全型,10A	距地 0.3m
⊽	两孔三孔插座	安全型,10A	距地 1.4m
▬	住户照明配电箱	PZ30 型	底边距地 1.8m

表 6.22　　　　　　　　　　　　　　　　电气管线工程量计算表

序号	回路	名称	规格	计算式	单位	数量
1	L1	阻燃塑料管	DN20	1.8+3.6+0.3	m	5.7
2	L2	阻燃塑料管	DN20	(2.8−1.8−0.3)+1.3+0.8+(2.8−1.3)+2.5+1.6+(2.8−1.3)+2.8+3.4+3.5+1.7+(2.8−1.3)+3.5+1.5+(2.8−1.3)+3.1+1.1+(2.8−1.3)+2.1+1.9+0.8+(2.8−1.3)	m	41.3
3	L3	阻燃塑料管	DN20	1.8+2.2+0.3	m	4.3
4	L4	阻燃塑料管	DN20	1.8+5.1+0.3×2+3.6+0.3	m	11.4
5	L5	阻燃塑料管	DN20	1.8+4.3+0.3×2+3.2+0.3×2+1.7+0.3×2+3.7+0.3×2+3.8+0.3×2+2.5+0.3	m	24.3
6	L6	阻燃塑料管	DN20	1.8+11.2+0.3	m	13.3
7	L1	塑铜线	BV−2.5	(0.3+0.4)×3+5.7×3	m	19.2
8	L2	塑铜线	BV−2.5	(0.3+0.4)×3+(2.8−1.8−0.3)×3+(1.3+2.5+3.5+3.5+3.1+2.1+1.9)×3+0.8×4+(2.8−1.3)×4+2.8×5+3.4×4+(1.6+1.7+1.5+1.1+0.8)×2+(2.8−1.3)×5×2	m	123.1
9	L3	塑铜线	BV−2.5	(0.3+0.4)×3+4.3×3	m	15
10	L4	塑铜线	BV−2.5	(0.3+0.4)×3+11.4×3	m	36.3
11	L5	塑铜线	BV−2.5	(0.3+0.4)×3+24.3×3	m	75
12	L6	塑铜线	BV−2.5	(0.3+0.4)×3+13.3×3	m	42

表 6.23　　　　　　　　　　　　　　　　电气材料设备表

序号	名称	安装方式	单位	数量
1	吸顶灯	吸顶安装	个	6
2	防水防尘灯	吸顶安装	个	3
3	单联开关	暗装	个	5
4	三联开关	暗装	个	1
5	两孔三孔插座	暗装	个	11
6	配电箱	暗装	台	1

表 6.24　　　　　　　　　　　　　　　　工程量汇总表

序号	名称	规格型号	单位	数量
1	吸顶灯		个	6
2	防水防尘灯		个	3
3	单联开关		个	5
4	三联开关		个	1
5	两孔三孔插座		个	11
6	灯头盒		个	9
7	接线盒		个	17
8	配电箱		台	1
9	阻燃塑料管	DN20	m	100.3
10	塑铜线	BV−2.5	m	310.6

表 6.25　　　　　　　　　　**分部分项工程和单价措施项目清单与计价表**

序号	子目编码	子目名称	子目特征描述	计量单位	工程量	综合单价	合价	其中 暂估价
		整个项目						
1	030404017001	配电箱	1. 名称：配电箱 2. 规格：6 回路 3. 安装方式：暗装	台	1	2280.61	2280.61	
2	030412001001	普通灯具	1. 名称：吸顶灯 2. 安装方式：吸顶安装	套	1	120.42	120.42	
3	030412001002	普通灯具	1. 名称：防水防尘灯 2. 安装方式：吸顶安装	套	1	173.41	173.41	
4	030404034001	照明开关	1. 名称：单联开关 2. 安装方式：暗装	个	1	25.96	25.96	
5	030404034002	照明开关	1. 名称：三联开关 2. 安装方式：暗装	个	1	30.7	30.70	
6	030404035001	插座	1. 名称：两孔三孔插座 2. 安装方式：暗装	个	1	33.09	33.09	
7	030411006001	接线盒	1. 安装形式：暗装	个	1	28.68	28.68	
8	030411006002	接线盒	1. 安装形式：暗装	个	1	28.68	28.68	
9	030411001001	配管	1. 名称：阻燃塑料管 2. 材质：PVC 3. 规格：DN20 4. 配置形式：暗敷设	m	1	14.6	14.60	
10	030411004001	配线	1. 名称：塑铜线 2. 配线形式：穿管敷设 3. 规格：BV - 2.5	m	1	3	3	
11	030414002001	送配电装置系统	1. 名称：配电箱调试 2. 型号：6 回路	台	1	300.55	300.55	
		分部小计					3039.70	
		措施项目						
		分部小计						
		本页小计					3039.70	
		合　计					3039.70	

表 6.26　　　　　　　　　　　　　　**总价措施项目清单与计价表**

序号	项目编码	子目名称	计算基础	费率（%）	金额（元）	备注
1	031302001001	安全文明施工			72.50	
2	1.1	环境保护	分部分项人工费	3.07	10.18	
3	1.2	文明施工	分部分项人工费	6.69	22.22	
4	1.3	安全施工	分部分项人工费	7.47	24.79	
5	1.4	临时设施	分部分项人工费	4.61	15.31	
6	031302002001	夜间施工增加				
7	031302003001	非夜间施工增加				
8	031302004001	二次搬运				
9	031302005001	冬雨季施工增加				
10	031302006001	已完工程及设备保护				
		合　计			72.50	

表 6.27　　　　　　　　　　　　　　**规费、税金项目计价表**

序号	项目名称	计算基础	计算基数	费率（%）	金额（元）
1	规费	社会保险费＋住房公积金费	59.09		59.09
1.1	社会保险费	其中：人工费＋其中：人工费＋其中：计日工人工费	302.71	14.23	43.08
1.2	住房公积金费	其中：人工费＋其中：人工费＋其中：计日工人工费	302.71	5.29	16.01
2	税金	分部分项工程费＋措施项目费＋其中：总承包服务费＋其中：计日工＋规费	3171.29	3.48	110.36
		合　计			169.45

表 6.28　　　　　　　　　　　　　　**单位工程投标报价汇总表**

序号	汇总内容	金额（元）	其中：暂估价（元）
1	分部分项工程	3039.70	
2	措施项目	72.50	
2.1	其中：安全文明施工费	72.50	
3	其他项目	0	
3.1	其中：暂列金额（不包括计日工）		
3.2	其中：专业工程暂估价		
3.3	其中：计日工		
3.4	其中：总承包服务费		
4	规费	59.09	
5	税金	110.36	
	投标报价合计＝1＋2＋3＋4＋5	3281.65	0

表 6.29　综合单价分析表（1）

项目编码	030404017001	项目名称	配电箱	计量单位	台	工程量	1

清单综合单价组成明细

定额编号	定额项目名称	定额单位	数量	单价（元）					合价（元）				
				人工费	材料费	机械费	企业管理费	利润	人工费	材料费	机械费	企业管理费	利润
4-32	配电箱嵌入式安装（回路8以内）	台	1	115.53	47.98	5.69	67.49	43.92	115.53	47.98	5.69	67.49	43.92
人工单价				小　计					115.53	47.98	5.69	67.49	43.92
综合工日：78.7元/工日				未计价材料费									
				清单项目综合单价					2280.61				

材料费明细	主要材料名称、规格、型号	单位	数量	单价（元）	合价（元）	暂估单价（元）	暂估合价（元）
	镀锌扁钢	kg	1.11	5.22	5.79	—	—
	塑料软管	kg	0.15	7.99	1.20	—	—
	接地编织铜线	m	0.5	15	7.50	—	—
	铜端子16	个	2.03	6.78	13.76	—	—
	电焊条（综合）	kg	0.15	7.78	1.17	—	—
	水泥（综合）	kg	4.2	0.4	1.68	—	—
	其他材料费	元	14.6	1	14.60	—	—
	配电箱	台	1	2000	2000	2000	2000
	其他材料费				2.28	—	0
	材料费小计				2047.98	—	0

表6.30

综合单价分析表（2）

子目编码	030412001001	子目名称	普通灯具	计量单位	套	工程量	1

清单综合单价组成明细

定额编号	定额子目名称	定额单位	数量	单价（元）					合价（元）				
				人工费	材料费	机械费	企业管理费	利润	人工费	材料费	机械费	企业管理费	利润
12-16	吸顶灯安装 混凝土楼板上安装 单罩	套	1	16.21	6.88	0.9	9.47	6.16	16.21	6.88	0.9	9.47	6.16
人工单价：78.7元/工日			小　计						16.21	6.88	0.9	9.47	6.16
综合工日：80.8			未计价材料费										
			清单子目综合价						120.42				

材料费明细

主要材料名称、规格、型号	单位	数量	单价（元）	合价（元）	暂估单价（元）	暂估合价（元）
其他材料费	元	2.55	1	2.55		
绝缘导线 BV-2.5	m	0.509	1.72	0.88		
镀锌膨胀螺栓 φ6	套	2.04	1.2	2.45		0
吸顶灯	套	1.01	80	80.80		0
其他材料费			—	1.01	—	
材料费小计			—	87.68	—	

表 6.31

综合单价分析表（3）

| 子目编码 | 030412001002 | | 子目名称 | 普通灯具 | | | | 计量单位 | 套 | 工程量 | | | 1 |

定额编号	定额子目名称	定额单位	数量	单价（元）					合价（元）				
				人工费	材料费	机械费	企业管理费	利润	人工费	材料费	机械费	企业管理费	利润
12－45	防水防尘灯安装 吸顶式	套	1	22.74	6.39	1.16	13.28	8.64	22.74	6.39	1.16	13.28	8.64
人工单价			小 计						22.74	6.39	1.16	13.28	8.64
综合工日：78.7元/工日			未计价材料费						121.2				
			清单子目综合单价						173.41				

材料费明细	主要材料名称、规格、型号	单位	数量	单价（元）	合价（元）	暂估单价（元）	暂估合价（元）
	其他材料费	无	2.54	1	2.54	—	
	绝缘导线 BV－2.5	m	0.814	1.72	1.40		
	镀锌膨胀螺栓 φ6	套	2.04	1.2	2.45		
	防水防尘灯	套	1.01	120	121.2		
	材料费小计			—	127.59	—	0

表6.32

综合单价分析表（4）

子目编码	030404034001	子目名称	照明开关	计量单位	个	工程量	1

清单综合单价组成明细

定额编号	定额子目名称	定额单位	数量	单价（元）					合价（元）				
				人工费	材料费	机械费	企业管理费	利润	人工费	材料费	机械费	企业管理费	利润
4-124	跷板式暗开关（单控）单联	个	1	6.37	0.96	0.25	3.72	2.42	6.37	0.96	0.25	3.72	2.42
人工单价				小　计					6.37	0.96	0.25	3.72	2.42
综合工日：78.7元/工日				未计价材料费					12.24				
				清单子目综合单价					25.96				

材料费明细	主要材料名称、规格、型号	单位	数量	单价（元）	合价（元）	暂估单价（元）	暂估合价（元）
		元	0.13	1	0.13	—	0
	绝缘导线BV-2.5	m	0.305	1.72	0.52	—	
	单联开关	个	1.02	12	12.24	—	
	其他材料费				0.31		0
	材料费小计			—	13.2	—	0

表6.33

综合单价分析表（5）

项目编码	030404034002	项目名称		照明开关		计量单位	个	工程量	1

清单综合单价组成明细

定额编号	定额项目名称	定额单位	数量	单价（元）					合价（元）				
				人工费	材料费	机械费	企业管理费	利润	人工费	材料费	机械费	企业管理费	利润
4-126	跷板式暗开关（单控）三联	个	1	6.93	1.5	0.28	4.05	2.64	6.93	1.5	0.28	4.05	2.64
人工单价	小计			6.93	1.5	0.28	4.05	2.64	6.93	1.5	0.28	4.05	2.64
综合工日：78.7元/工日	未计价材料费								15.3				
	清单子目综合单价								30.7				

材料费明细	主要材料名称、规格、型号	单位	数量	单价（元）	合价（元）	暂估单价（元）	暂估合价（元）
	其他材料费	元	0.14	1	0.14	—	0
	绝缘导线 BV-2.5	m	0.611	1.72	1.05	—	—
	三联开关	个	1.02	15	15.30	—	—
	其他材料费				0.31	—	0
	材料费小计				16.80	—	0

表6.34

综合单价分析表（6）

子目编码	030404035001	子目名称	插座		计量单位	个	工程量	1

清单综合单价组成明细

定额编号	定额子目名称	定额单位	数量	单价（元）					合价（元）				
				人工费	材料费	机械费	企业管理费	利润	人工费	材料费	机械费	企业管理费	利润
4-144	插座暗装 单相 双联	个	1	8.26	1.23	0.33	4.83	3.14	8.26	1.23	0.33	4.83	3.14
人工单价	小 计			8.26	1.23	0.33	4.83	3.14	8.26	1.23	0.33	4.83	3.14
综合工日：78.7元/工日	未计价材料费								15.3				
	清单子目综合单价								33.09				

材料费明细	主要材料名称、规格、型号	单位	数量	单价（元）	合价（元）	暂估单价（元）	暂估合价（元）
	绝缘导线 BV-2.5	m	0.4581	1.72	0.79	—	0
	两孔三孔插座	个	1.02	15	15.30	—	0
	其他材料费			—	0.31	—	
	材料费小计			—	16.53	—	

其他材料费 元 0.14 1 0.14 — —

表 6.35

综合单价分析表 (7)

子目编码	030411006001	子目名称	接线盒	计量单位	个	工程量	1

清单综合单价组成明细

定额编号	定额子目名称	定额单位	数量	单价（元）					合价（元）				
				人工费	材料费	机械费	企业管理费	利润	人工费	材料费	机械费	企业管理费	利润
11－330	钢制接线盒 86H 暗装 混凝土结构	个	1	12.04	4.29	0.74	7.03	4.58	12.04	4.29	0.74	7.03	4.58
人工单价			小　计						12.04	4.29	0.74	7.03	4.58
综合工日：78.7元/工日			未计价材料费							0				
			清单子目综合单价							28.68				

材料费明细	主要材料名称、规格、型号	单位	数量	单价（元）	合价（元）	暂估单价（元）	暂估合价（元）
	电焊条（综合）	kg	0.036	7.78	0.28		
	其他材料费	元	0.2	1	0.20		
	接线盒 86H	个	1.02	2.6	2.65		
	圆钢 φ10 以内	kg	0.179	3.63	0.65		
	其他材料费			—	0.51	—	0
	材料费小计			—	4.29	—	0

表 6.36

综合单价分析表 (8)

定额编号	定额子目名称	定额单位	数量	单价 (元)				合价 (元)			
				人工费	材料费	机械费	企业管理费	利润	人工费	材料费	机械费	企业管理费	利润

定额编号	定额子目名称	定额单位	数量	人工费	材料费	机械费	企业管理费	利润	人工费	材料费	机械费	企业管理费	利润
11-335	钢制灯头盒 T1-T4 暗装 混凝土结构	个	1	12.04	4.29	0.74	7.03	4.58	12.04	4.29	0.74	7.03	4.58
人工单价			小　计						12.04	4.29	0.74	7.03	4.58
综合工日: 78.7元/工日			未计价材料费							0			
			清单子目综合单价							28.68			

材料费明细	主要材料名称、规格、型号	单位	数量	单价 (元)	合价 (元)	暂估单价 (元)	暂估合价 (元)
	电焊条 (综合)	kg	0.036	7.78	0.28		
	其他材料费	元	0.2	1	0.20		
	圆钢 φ10 以内	kg	0.179	3.63	0.65		
	铁制灯头盒 T1-T4	个	1.02	2.6	2.65		
	其他材料费			—	0.51	—	0
	材料费小计			—	4.29	—	0

表6.37

综合单价分析表（9）

子目编码	030411001001	子目名称	配管	计量单位	m	工程量	1

清单综合单价组成明细

定额号	定额子目名称	定额单位	数量	单价（元）					合价（元）				
				人工费	材料费	机械费	企业管理费	利润	人工费	材料费	机械费	企业管理费	利润
11-176	PVC阻燃塑料管敷设 暗敷设 公称直径20mm以内	m	1	5.67	3.23	0.23	3.31	2.16	5.67	3.23	0.23	3.31	2.16
人工单价			小计	5.67	3.23	0.23	3.31	2.16					
综合工日：78.7元/工日			未计材料费			0							
清单子目综合单价						14.6							

材料费明细	主要材料名称、规格、型号	单位	数量	单价（元）	合价（元）	暂估单价（元）	暂估合价（元）
	其他材料费	元	0.06	1	0.06	—	0
	PVC阻燃塑料管 20	m	1.05	2.3	2.42	—	0
	其他材料费				0.76	—	0
	材料费小计				3.23	—	0

表6.38

综合单价分析表（10）

子目编码	03041100400I	子目名称	配线	计量单位	m	工程量	1

清单综合单价组成明细

定额编号	定额子目名称	定额单位	数量	单价（元）					合价（元）				
				人工费	材料费	机械费	企业管理费	利润	人工费	材料费	机械费	企业管理费	利润
11-255	管内穿铜芯线 照明线路 导线截面2.5mm²以内	m	1	0.71	0.19	0.03	0.41	0.27	0.71	0.19	0.03	0.41	0.27
人工单价		小　计							0.71	0.19	0.03	0.41	0.27
78.7元/工日		未计价材料费											
综合工日：3		清单子目综合单价									1.39		

材料费明细	主要材料名称、规格、型号	单位	数量	单价（元）	合价（元）	暂估单价（元）	暂估合价（元）
	其他材料费	元	0.18	1	0.18		0
	BV-2.5	m	1.16	1.2	1.39	—	—
	其他材料费			—	0.01	—	0
	材料费小计			—	1.59	—	0

表 6.39

综合单价分析表 (11)

子目编码	030414002001	子目名称	送配电装置系统	计量单位	台	工程量	1

清单综合单价组成明细

定额编号	定额子目名称	定额单位	数量	单价 (元)					合价 (元)				
				人工费	材料费	机械费	企业管理费	利润	人工费	材料费	机械费	企业管理费	利润
14－22	低压配电箱调试 配电箱交流1kV以下8回路	台	1	96.21	0	111.55	56.21	36.58	96.21	0	111.55	56.21	36.58
人工单价			小 计						96.21	0	111.55	56.21	36.58
综合工日：96.6元/工日			未计价材料费						0				
			清单子目综合单价						300.55				

材料费明细	主要材料名称、规格、型号	单位	数量	单价 (元)	合价 (元)	暂估单价 (元)	暂估合价 (元)

表 6.40　　　　　　　　　　　单位工程人材机汇总表

序号	名 称 及 规 格	单位	数量	市场价（元）	合计（元）
一	人工类别				
1	综合工日	工日	2.624	78.7	206.51
2	综合工日	工日	0.996	96.6	96.21
二	材料类别				
1	圆钢 φ10 以内	kg	0.358	3.63	1.30
2	扁钢 60 以内	kg	0.188	3.67	0.69
3	镀锌扁钢	kg	1.11	5.22	5.79
4	水泥（综合）	kg	4.2	0.4	1.68
5	砂子	kg	12.8	0.07	0.90
6	镀锌铁丝 13 号～17 号	kg	0.0022	6.55	0.01
7	电焊条（综合）	kg	0.222	7.78	1.73
8	镀锌机螺钉 M4	套	6.12	0.15	0.92
9	PVC管专用弹簧	根	0.0102	27.3	0.28
10	镀锌膨胀螺栓 φ6	套	4.08	1.2	4.90
11	调和漆	kg	0.0083	12.4	0.10
12	防锈漆	kg	0.0378	16.3	0.62
13	酚醛磁漆	kg	0.0179	17.3	0.31
14	胶黏剂	kg	0.0064	8.2	0.05
15	塑料软管 φ7	m	0.288	0.15	0.04
16	塑料软管	kg	0.15	7.99	1.20
17	PVC 阻燃塑料管 20	m	1.05	2.3	2.42
18	塑料管堵 15～25	个	4.12	0.08	0.33
19	接线盒 86H	个	1.02	2.6	2.65
20	铁制灯头盒 T1-T4	个	1.02	2.6	2.65
21	铜端子 16	个	2.03	6.78	13.76
22	PVC 直管接头 20	个	0.1751	0.6	0.11
23	PVC 入盒接头及锁扣 20	套	0.1545	2.03	0.31
24	接线端子 双路	个	1.03	0.94	0.97
25	黑胶布带 20×20	卷	0.0013	3	
26	塑料胶布带 25×10	卷	0.0025	1.44	
27	自黏性橡胶带	卷	0.1	3.57	0.36
28	绝缘导线 BV-2.5	m	2.6971	1.72	4.64
29	接地编织铜线	m	0.5	15	7.50
30	其他材料费	元	20.74	1	20.74
三	机械类别				
1	电焊机（综合）	台班	0.0853	18.6	1.59

序号	名 称 及 规 格	单位	数量	市场价（元）	合计（元）
2	其他机具费	元	12.61	1	12.61
3	电能校验仪 ST9040	台班	1	68.4	68.4
4	电压、电流互感升流器 HJ－12E	台班	1	12.7	12.7
5	电缆测试仪 JH5132	台班	1	13	13
6	管理费	元	0.6	1	0.6
7	台班折旧费	元	9.6	1	9.6
8	税金	元	0.72	1	0.72
9	利润	元	0.4	1	0.4
10	台班维修费	元	1.32	1	1.32
11	动力费	元	0.3	1	0.3
12	计校费	元	0.66	1	0.66
四	主材类别				
1	两孔三孔插座	个	1.02	15	15.3
2	单联开关	个	1.02	12	12.24
3	三联开关	个	1.02	15	15.3
4	吸顶灯	套	1.01	80	80.8
5	防水防尘灯	套	1.01	120	121.2
6	BV－2.5	m	1.16	1.2	1.39
五	设备类别				
1	配电箱	台	1	2000	2000
	合　计				2747.81

复 习 思 考 题

1. 建筑电气照明系统由哪几部分组成？

2. 常用导线材料有哪些？

3. 简述建筑工程防雷分类及防雷措施。

4. 简述导线及灯具的标注方法。

5. 简述配管、配线工程量的计算方法和顺序。

6. 简述电缆工程量的计算规则。

7. 配电箱外部进出线预留长度如何确定？

8. 简述避雷网工程量计算方法。

参 考 文 献

[1] 胡兴福. 安装工程计量与计价[M]. 哈尔滨：哈尔滨工业大学出版社，2014.

[2] 张雪莲. 建筑水电安装工程计量与计价[M]. 武汉：武汉理工大学出版社，2014.

[3] 张爱云. 建筑设备安装工程计量与计价[M]. 郑州：黄河水利出版社，2013.

[4] 全国造价工程师执业资格考试培训教材编审委员会. 建设工程技术与计量（安装工程）[M]. 北京：中国计划出版社，2013.

[5] 全国造价工程师执业资格考试培训教材编审委员会. 建设工程计价[M]. 北京：中国计划出版社，2013.

[6] 张建新. 新编安装工程预算[M]. 北京：中国建材工业出版社，2012.

[7] 建筑施工现场管理人员一本通编委会. 造价员一本通[M]. 北京：中国计划出版社，2012.

[8] 中华人民共和国住房和城乡建设部. GB 50500—2013 建设工程工程量清单计价规范[S]. 北京：中国计划出版社，2013.

[9] GB 50856—2013 通用安装工程工程量计算规范[S]. 北京：中国计划出版社，2013.

[10] 全国统一安装工程预算定额（第二册 电气设备安装工程）[S]. 北京：中国计划出版社，2001.

[11] 全国统一安装工程预算定额（第六册 工业管道工程）[S]. 北京：中国计划出版社，2001.

[12] 全国统一安装工程预算定额（第七册 消防及安全防范设备安装工程）[S]. 北京：中国计划出版社，2001.

[13] 全国统一安装工程预算定额（第八册 给排水、采暖、燃气工程）[S]. 北京：中国计划出版社，2001.

[14] 全国统一安装工程预算定额（第九册 通风空调工程）[S]. 北京：中国计划出版社，2001.

[15] 全国统一安装工程预算定额（第十一册 刷油、防腐蚀、绝热工程）[S]. 北京：中国计划出版社，2001.